이명현의 외계인과 UFO

과학하고 앉아있네 02

이명현의 외계인과 UFO

ⓒ 원종우·이명현, 2015. Printed in Seoul, Korea.

초판 1쇄 펴낸날 2015년 1월 20일
초판 5쇄 펴낸날 2021년 1월 20일
지은이   원종우·이명현
펴낸이   한성봉
편집   안상준·하명성·이동현·조유나
디자인   전혜진·김현중
마케팅   박신용·오주형·강은혜·박민지
경영지원   국지연·강지선
펴낸곳   도서출판 동아시아
등록   1998년 3월 5일 제1998-000243호
주소   서울시 중구 퇴계로30길 15-8 [필동1가 26]
페이스북   www.facebook.com/dongasiabooks
전자우편   dongasiabook@naver.com
블로그   blog.naver.com/dongasiabook
인스타그램 www.instagram.com/dongasiabook
전화   02) 757-9724, 5
팩스   02) 757-9726
ISBN   978-89-6262-094-8 04400
               978-89-6262-092-4 (세트)

이 도서의 국립중앙도서관 출판예정도서목록(CIP)은
서지정보유통지원시스템 홈페이지(http://seoji.nl.go.kr)와
국가자료공동목록시스템(http://www.nl.go.kr/kolisnet)에서
이용하실 수 있습니다. (CIP제어번호 : CIP2015001361)

파토 원종우의 과학 전문 팟캐스트

02

이명현의
외계인과 UFO

| 원종우 · 이명현 지음 |

동아시아

과학전문 팟캐스트 방송 〈과학하고 앉아있네〉는 '과학과 사람들'이 만드는 프로그램입니다. '과학과 사람들'은 과학 강의나 강연 등등 프로그램과 이벤트와 같은 과학 전반에 걸친 이런저런 일을 하기 위해 만든 단체입니다. 과학을 해석하고 의미를 부여하는 "과학과 인문학의 만남"을 이야기하는 것이 바로 〈과학하고 앉아있네〉의 주제입니다.

사회자
원종우

딴지일보 논설위원이라는 직함도 갖고 있다. 대학에서는 철학을 전공했고 20대에는 록 뮤지션이자 음악평론가였고, 30대에는 딴지일보 기자이자 SBS에서 다큐멘터리를 만들었다. 2012년에는 『조금은 삐딱한 세계사: 유럽편』이라는 역사책, 2014년에는 『태양계 연대기』라는 SF와 『파토의 호모 사이언티피쿠스』라는 과학책을 내기도 한 전방위적인 인물이다. 과학을 무척 좋아했지만 수학을 못해서 과학자가 못 됐다고 하니 과학에 대한 애정은 원래 있었던 듯하다. 40대 중반의 나이임에도 꽁지머리를 해서 멀리서도 쉽게 알아볼 수 있다. 과학 콘텐츠 전문 업체 '과학과 사람들'을 이끌면서 인기 과학 팟캐스트 〈과학하고 앉아있네〉와 더불어 한 달에 한 번 국내 최고의 과학자들과 함께 과학 토크쇼 〈과학같은 소리하네〉 공개방송을 진행한다. 이런 사람이 진행하는 과학 토크쇼는 어떤 것일까.

대담자
이명현

초등학생 때부터 별에 빠져 별만 보고, 별 이야기를 부모와 동생들에게 끊임없이 하는 꿈꾸는 소년이었다. 별을 보기 위한 모든 활동에 가장 적극적인, 별과 UFO와 외계인에 빠진 소년은 결국 연세대학교 천문기상학과를 거쳐 네덜란드 흐로닝엔대학교에서 전파천문학으로 박사학위를 받았다. 일가를 이루고 부인과 아이들에게도 끊임없이 별 이야기를 해오고 있다. 아니, 이제는 그 영역을 넓혀 모든 사람들에게 별 이야기를 하며, 신문이나 잡지의 기고를 통해서 또는 책을 통해서도 끊임없이 별 이야기를 하고 있다. 2014년에는 우주적 감성 에세이 『이명현의 별 헤는 밤』을 출간했다. 그럴 뿐만 아니라 '한국 세티SETI' 조직위원회에서 전파망원경을 이용해 우주로부터 오는 인공 전파를 포착해 외계의 지적 생명체를 아직도 찾고 있다. 그는 아직도 별에 미친, 별을 사랑하는 사람이다.

---

* 본문에서 사회자 **원종우**는 '원', 대담자 **이명현**은 '현'으로 적는다.

차례

- 세티는 뭐 하는 곳일까   008
- 우주의 핸드폰, 전파망원경   012
- 태양계에서 쫓겨난 명왕성   019
- 지적 생명체라면 수학을 잘해야   025
- 전파망원경은 무엇을 보고 있을까   033
- 외계인은 어떻게 생겼을까   038
- 수, 금, 지, 화, 목, 토, 천, 해   042
- 우주여행은 현실적으로 가능할까   048
- 우주 공간의 축지법   058
- 우리 동네에 외계인이 산다   063

- 외계인 탐사에 돈 대는 기업　　　067
- 눈이 많으면 머리가 터진다?　　　072
- 물이 있는 행성에 생명이 있다　　　074
- 외계인이 침략한다면　　　078
- 또 다른 우주　　　086
- 우주선의 연료는 어떻게 조달할까　　　094
- 새롭게 떠오르는 우주생물학　　　098
- 진짜 외계인이 나타난다면　　　101
- 끝나지 않는 이야기　　　105

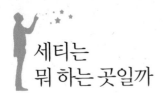

세티는
뭐 하는 곳일까

원— 〈과학과 사람들〉이 제공하는 공개 토크쇼 '과학하고 앉아있
네'를 천문학자 이명현 박사님과 함께합니다.

'한국 세티SETI'라는 곳이 있습니다. 이명현 박사가 여기 한국 세
티의 조직위원장이고, 여러 군데서 강의도 하고, 인터넷 신문
《프레시안》에서 과학 관련 콘텐츠의 기획위원도 하고 계십니다.
아마 《프레시안》을 통해서 과학책을 계속 소개하시는 분으로 알
고 계신 분도 있으실 거예요. 과학 대중화 관련해서 굉장히 많이
알려진 분입니다.

현— 만나 뵙게 되어 반갑습니다. 파토님은 예전에 제가 하는 과
학 토크쇼에 게스트로 불러서 같이 얘기를 한 적이 있었는데요,
이렇게 파토님의 홈그라운드에 들어오니까 막 긴장되고 떨립니
다. 다른 분들이 우리 홈그라운드에 오셨을 때 얼마나 힘드셨을

까 하는 생각이 드는데요. 제가 하는 일은 기본적으로 과학이라고 하는 방법론을 통해서 경이로움에 접근을 하는 것인데, 제가 마냥 즐거워하고 즐겁게 느끼는 것들을 또 다른 분야에서 일하시는 분들, 또는 과학에 대해서 그다지 관심이 없었던 분들한테 저희가 느꼈던 경이로움을 일상적인 용어로 바꿔서 전달해주고 싶은 욕구가 항상 있어왔기 때문에 여러분들과 만날 수 있는 기회를 많이 가졌던 것 같습니다.

원— 그래서 이제 시작을 해보겠습니다. 지금 먼저 이야기를 하고, 그다음에 쉬는 시간에 질문지를 받을게요. 본 강연에서 못

세티　세티SETI, 즉 '외계 지적 생명체 탐사Search for Extra-Terrestrial Intelligence'는 지구 밖의 지적 생명체를 찾기 위한 활동을 이르는 말이다. 외계 행성들로부터 오는 전파를 찾거나, 그런 전파를 보내서 외계 생명체를 찾는다. 최초에는 미국 정부의 후원을 받는 국가 지원 프로젝트로 시작했으나 별다른 성과가 없어 지원이 중단되었다. 현재는 개인 및 수많은 과학자와 기업, 대학의 지원으로 수행되고 있으며, 다양한 나라에서 연합 및 개별적인 세티 프로젝트가 진행되고 있다. 세티는 천문학자 칼 세이건 원작의 영화 〈콘택트〉를 통해 널리 알려졌다. 세티의 전신인 오즈마 프로젝트Ozma Project는 1960년대부터 시작되었지만, 50년 가까이 아무런 외계 지성의 흔적을 찾지는 못하고 있다. 외계로부터의 신호는 전파망원경으로 수신한다. 전파망원경이 수신한 전파 신호 속에는 별의 탄생이나 블랙홀에서 나오는 호킹복사 등 온갖 자연의 전파가 포함되어 있다. 여기서 인공적인 전파를 가려내기 위해서는 높은 연산 능력의 슈퍼컴퓨터가 필요하다. SETI@home은 전 세계에 연결된 개인용 컴퓨터가 구성하는 네트워크가 슈퍼컴퓨터의 역할을 하여 신호를 분석하는 것이다.

담은 이야기들은 질문지에 저희가 대답을 하면서 다시 얘기를 나누는 그런 형태가 될 것입니다. 일단은 세티라는 단체에 대해 먼저 얘기해보죠. 'SETI'를 우리말로 번역하면, '외계 지적 생명체 탐사'라는 거죠. 〈E. T.〉라는 영화 있었죠. 그 'E. T.'도 '지구 밖의 지적 생명체Extra-Terrestrial Intelligence'에서 따온 말이죠. 어쨌든 '지적'이라는 말은 다시 얘기하겠지만 논란이 있는 단어기는 합니다. 어쨌든 지능이 있으며, 사고를 하고, 문명을 건설하는 그런 지구 바깥의 어떤 생명체가 있는데, 그것을 찾아나가는 과정, 특히 과학적으로 찾아나가는 과정을 '세티'라고 부르고 있습니다. '세티'는 원래 미국에서 시작해서 계속되는 일이 아닌가요?

현─ 네, 그렇죠. 그 '세티'라고 하는 그 프로젝트가, 요즘에 뭐 《네이처》나 《사이언스》 이런 데 기사 나면 굉장히 좋다고 얘기하는 그 저널 아시죠? 그 《네이처》라는 잡지에서 1959년도에 천문

〈E. T.〉 〈E. T.〉는 1982년 스티븐 스필버그 감독의 미국 SF 영화이다. 초능력을 가진 외계인이 지구에 홀로 남아 지구 소년과 함께 위기를 극복하며 동료들에게 구출되기까지의 과정을 그렸다. 한국에서는 1984년 6월에 개봉했고, 이후 2002년과 2011년에도 다시 상영한 바 있다.

《네이처》와 《사이언스》 《네이처Nature》는 1869년 창간된 세계에서 가장 오래되고 저명하다고 평가받는 과학 저널이다. 《사이언스Science》는 《네이처》에 필적하는 과학 저널로 미국과학진흥회American Association for the Advancement of Science에서 발간한다.

· '지구 밖의 지적 생명체' E.T. ·

학자 두 사람이 전파망원경을 사용해서 외계인들의 흔적을 어떻게 찾을 것인가 하는 논문을 발표합니다. 그래서 그 논문에 있는 방법론을 가지고 지난 50년 동안 전파망원경으로 외계인들의 흔적을 찾는 작업을 해왔죠.

원 ― 여기서 저기 전파망원경이라는 게 우리가 이름은 많이 들었지만 정확하게 어떻게 작동하는지 잘 모르거든요. 어떤 식으로 보게 되는 거죠?

우주의 핸드폰,
전파망원경

현— 전파망원경이라고 하면 거창한 것 같잖아요? 전파망원경이라고 그러기도 하고, 전파안테나라고도 하는데, 쉽게 생각하시면 여러분들 갖고 계신 핸드폰을 생각하시면 돼요. 핸드폰은 우리가 전화벨 소리가 울려서 귀에다 대고 소리를 듣는 기계라고 생각하지만, 사실은 그 속에 전파를 송신하고 전파를 수신하는 장치가 들어 있어요. 전파라는 건 빛의 일종인데, 눈에는 보이지 않는 파장이 긴 빛을 전파라 하거든요. 라디오, 텔레비전, 여러분들 쓰시는 핸드폰, 이런 것들이 다 전파라고 하는 빛을 매개로 하고 있는 것이죠.

핸드폰 경우를 보자면 송신을 누르면 여러분들의 목소리가 그 속에서 전파 신호로 바뀌어 중계소로 날아가지요. 중계소에서 그것을 다른 사람의 핸드폰에 전달하면, 다른 사람의 핸드폰에서 그 신호를 받아서 다시 소리로 바꿔 여러분의 귀로 전달하는 거거든요. 그러니까 여러분들이 가지고 있는 조그만 핸드폰들은 아주 작은 전파망원경이라고 얘기할 수 있죠. 그런데 천문학자들은 외계인으로부터 오는 전파를 받아야 되는데, 외계인들은 가까운 곳에 있는 게 아니라 일단 엄청나게 먼 곳에 있으니까 엄청나게 큰 핸드폰이 필요한 거예요. 그래서 천문학자들, 또는 세티의 과학자들이 사용하는 전파망원경은 엄청나게 큰 핸드폰이라고 생각하시면 됩니다.

원─ 굉장히 큰 안테나인 거죠?

전파망원경 전파망원경은 방향을 지정한 안테나를 이용한 망원경이다. 가시광선 대역을 이용하는 광학망원경과 달리 전파 대역의 정보를 이용한다. 장파장의 전파를 이용하기 때문에 같은 크기의 광학망원경에 비해서는 분해 능력이 떨어지는 단점이 있다. 이를 극복하기 위해서 전파망원경은 광학망원경보다 훨씬 큰 구경의 오목한 형태의 접시형 안테나를 사용한다. 현재 가장 큰 전파망원경은 푸에르토리코의 아레시보 천문대에 있는 지름 305미터의 전파망원경이다. 하지만 망원경 크기를 늘리는 데에는 한계가 있기에, 더 좋은 분해 능력을 얻기 위해 작은 전파망원경 여러 개를 일정한 거리에 배열한 전파망원경도 만들었다. 가장 유명한 망원경 배열은 미국에 있는 VLAVery Large Array이다. 일반 천문대는 대기 간섭을 피하기 위해 산 위에 있는 경우가 많지만 전파망원경이 있는 전파천문대는 전자기파 차단을 위해 계곡 안에 있는 경우가 많다. 한국은 대덕 전파천문대에 1986년에 지름 14미터의 전파망원경이 설치됐으며, 서울대학교에도 지름 6미터의 전파망원경이 설치되어 있다. 또한 한국천문연구원은 한국 우주 전파 관측망을 운영하고 있는데, KVN은 지름 21미터의 전파망원경 3개를 서울과 울산, 제주도에 건설하여 망원경 배열을 구성한다.

• 전파망원경은 엄청나게 큰 핸드폰이다 •

현 ― 그렇죠. 전파를 수신하는 안테나가 되는 거죠.

원 ― 요즘 보면 외계 생명체에 관련된 뉴스가 많이 나오거든요. 케플러망원경이 지구와 비슷한 행성도 발견했다고 하기도 하고. 그런데 지금 세티가 그래서 찾고 있는 건 일반 외계 생명체가 아니라 외계의 지적 생명체, 외계 문명이잖아요.

현 ― 그렇죠. 'SETI'의 'I'가 'Intelligence'라고 했잖아요. 이 '지적'이라는 말에 대해서는 아까 잠시 미뤄뒀던 부분인데, 우리가 '지적 생명체'라고 하면 일단 뇌 같은 구조가 있어서 우리처럼 사고를 하는 것을 말하지만, 이 부분에서 동의 안 하시는 분들도 많을 거예요. 사실 우리가 지적이냐 하는 면에서 굉장히 민감한 논란

· 케플러 우주망원경 ·

의 여지가 있어요. 우리는 우리 스스로를 지적이라고 생각하는
가 하는 문제부터 시작해서 복잡한 이야기를 해야 하는 거죠. 침

케플러망원경   케플러망원경은 미국항공우주국NASA의 케플러 계획Kepler Mission
에 따라 우주에서 관측하기 위해 발사한 우주망원경이다. 이를 이용하여 태양
외의 다른 항성 주위를 공전하는 지구형 행성을 찾는 것이 목적이다. 케플러
계획은 외계 행성이 어머니 항성을 돌면서, 항성을 가려 항성의 밝기가 감소하
는 것을 감지하기 위해 나사가 개발한 우주 광도계를 가지고 3년 반에 걸쳐 10
만 개 이상의 항성들을 관측할 것이다. 이 계획의 이름은 독일 천문학자 요하
네스 케플러의 이름을 따왔다. 현재 골디락스 행성을 찾기 위해 발사된 우주망
원경은 2006년 발사된 유럽의 코롯COROT, COnvection ROtation et Transits planétaires과 2009년
발사된 미국의 케플러망원경이 있다.

· 병렬식 전파망원경 ·

팬지들도 나뭇가지를 사용하기도 하고, 다른 동물도 도구를 사용하지만, 우리는 지능을 이용해서 도구를 사용하고, 문명을 건설해서, 핸드폰 같은 문명의 이기를 쓴다는 거죠. 그래서 '외계 지적 생명체 탐사'라고도 얘기하지만, 지적이라는 'Intelligence' 대신 문명이라는 'Civilization'을 쓰기도 해서, '외계 문명 탐사'라는 말을 더 광범위하게 쓰고 있어요.

원— 이런 전파망원경은 어디에 있죠?

현— 지금 전파망원경 가운데 가장 큰 아레시보_{arecibo} 전파망원경은 푸에르토리코에 있어요. 미국 플로리다 남쪽에 있는 섬인데요, 미국의 한 주가 되고 싶어 투표도 하고 그런 곳인데, 아마 〈쥐라

• 명왕성 탐사를 위해 발사됐던 뉴 호라이즌스 호 •

기 공원〉 찍은 곳도 이 푸에르토리코일 거예요. 아레시보망원경
의 안테나 지름이 무려 305미터에요. 너무 커서 움직일 수 없어
요. 전파망원경의 안테나 지름이 100미터가 넘으면 움직일 수 없
어요.

원— 좀 작은 것들도 있지요.

현— 작은 것은 6미터짜리로 여러 개를 한데 묶어서 쓰기도 하죠.
큰 거 하나를 쓰는 방법도 있고, 작은 거 여러 개를 쓰는 방법도
있고 여러 방법이 있죠. 요즘 추세는 네트워킹을 이용해서 작은
거 여러 개를 묶으면 싸고 순발력도 있어서 그렇게 많이 사용하
고 있죠.

원 - 이렇게 큰 망원경이 필요한 이유는 멀리 있기 때문에 그런 건가요?

현 - 그렇죠. 아주 단순하게 비유하면 핸드폰은 굉장히 작은 건데 그걸로 전파를 받고 송신해서 전화통화를 하잖아요. 그런데 문제는 지구에서 우주까지의 거리가 너무 먼 거예요. 예를 들어서 지금은 행성에서 퇴출됐지만, 명왕성까지 가는 데 지금 로켓으로 10년이 걸려요. 2006년 1월 달에 '뉴 호라이즌스New Horizons 호'라고 하는 명왕성 탐사선이 출발을 했는데 2015년 도착 예정이래요. 그런데 뉴 호라이즌스 호가 출발을 할 때는 명왕성이 행성에서 퇴출되지 않아 명왕성 탐사선이였거든요. 헌데 그해 8월에 국제천문연맹에서 투표로 지구 행성에서 명왕성을 퇴출시켰어요.

뉴 호라이즌스 호   뉴 호라이즌스New Horizons 호는 2006년 1월에 미국에서 태양계의 마지막 행성이었던 소행성 134340(명왕성)을 탐사하기 발사된 탐사선이다. 나사에서 7,000억 원을 들여 제작했는데 그랜드피아노만 한 크기에 무게는 450킬로그램이다. 총알의 속도보다 10배 이상 빠른 시속 5만 8,000킬로미터로 비행하는데, 목성 궤도를 지나면서부터는 목성의 중력을 이용하여 시속 7만 5,200킬로미터까지 빨라진다. 이 속도는 지금까지 발사된 미국의 우주탐사선 가운데 가장 빠르지만, 명왕성에 접근하는 데에는 약 9년 반의 시간이 걸려 2015년 7월 초에나 접근하게 된다. 명왕성에 접근하면 약 5개월 동안 궤도를 통과하며 명왕성의 표면의 성질과 온도, 대기 등에 관한 자료를 지구로 보낸다. 이를 위해 대기에서 방출되는 각종 분자들을 탐지하는 기구와 대기 분석 장치, 고성능 카메라를 싣고 있다. 그리고 소량의 플루토늄으로 동력을 만들어 쓴다.

태양계에서 쫓겨난 명왕성

원— 이 사실들 알고 계세요? 태양계는 이제 행성이 8개만 있어요. 명왕성은 쫓겨났어요.

현— 이 우주선이 몇 달 가다가, 명왕성 부근 천체의 탐사선으로 바뀌었죠. 거기까지도 10년이 걸리는 거예요. 2015년 도착 예정이니까. 그런데 우리 태양계에서 가장 가까운 다른 태양계로 가려면 빛의 속도로도 4년이 넘게 걸려요. 지금 우리의 로켓 실력으로는 한 5만 년에서 7만 년, 그렇게 먼 곳에서는 아무리 강한 전파를 발산해도 오다가 약해지니까 지구로 도착할 때면 전파는 굉장히 미약해지죠. 우스갯소리로 전파천문학자들이 계산을 해 보면 1년 내내 지구로 쏟아지는 외계 전파들을 다 모아봐야 연말에 크리스마스트리 꼬마전구 1개를 1초 동안 켤 수 있는 정도일 거다 하는 농담을 하죠. 계산은 조금 다를 수 있지만 우주라는 공간 자체가 너무나 멀기 때문에 전파가 그만큼 약해진다는 거죠. 그래서 그런 약한 전파를 받기 위해서는 엄청나게 큰 핸드폰 안 테나가 필요한 것이죠.

원 — 근데 우리가 망원경 하면 보통 큰 렌즈가 있어서 직접 눈으로 보는 망원경을 생각을 하는데, 이런 것을 사용하는 데는 그만한 이유가 또 있는 거겠죠?

현 — 그렇죠. 빛이라는 게 우리 눈에 보이는 걸 이야기하지만 좀 더 구체적으로는 눈에 볼 수 있다는 뜻의 가시광선을 말하는 거죠. 수백만 년 동안 인류라는 종이 자연에 적응을 해오면서 지구 상에서 어떠한 것을 감지하고, 정보를 얻기에 가장 좋은 영역이 가시광선이었기 때문에 우리는 거기에 적합하게 진화한 거죠. 빛은 다른 말로 바꾸면 전자기파인데, 그 전자기파 안에는 가시 광선과 전파라는 것이 있고, 자외선, 적외선, 이런 것들도 있어요. 파장의 크기에 따라 다른 이름이 붙은 건데요, 가시광선은

가시광선   가시광선可視光線은 사람 눈에 보이는 전자기파의 영역이다. 개인별로도 가시광선 범위에 약간의 차이가 있지만 보통은 400에서 700나노미터까지의 범위를 감지한다. 최대 380에서 800나노미터까지 감지하는 사람도 있다고 한다. 태양의 복사 에너지에는 가시광선, 적외선, 자외선 등이 있는데, 가시광선을 가장 많이 방출하기 때문에 사람의 눈이 이에 적응한 것이다. 다른 동물들도 눈으로 빛을 보지만 동물마다 받아들이는 영역이 다르다. 벌과 같은 곤충은 꿀을 가지고 있는 꽃을 찾는 데 유용한 자외선을 볼 수 있다.

파장이 짧다면, 전파는 파장의 길이가 길어요. 파장의 길이가 길면 어떤 장점이 있냐면, 짧은 것은 장애물 통과가 어렵지만 파장이 긴 전파는 장애물을 그냥 넘어간다는 거죠. 그래서 멀리까지 갈 수 있으면서, 또 가장 속도가 빠른 1초에 30만 킬로미터나 가는 빛이니까 빨리 정보를 보내면서도 방해하는 장애물들이 있더라도 성큼성큼 뛰어넘어 우리에게 온다는 거죠.

원─ 결국 우리가 보는 빛보다 더 잘 전달받을 수 있다는 거네요.

현─ 전달할 수 있고, 바꿀 수 있고, 보낼 수도 있죠.

원─ 또 한 가지 장점은 전파 속에 어쩌면 다른 외계의 문명이 있을지 모른다는 것을 확인할 수 있는 거 아닌가요? 예를 들자면 망원경으로 보면 설사 아무리 좋은 망원경을 만들어도 그 문명에 있는 집이 보이지는 않을 거 아니에요? 그런데 전파를 받았을 때 거기에 그쪽의 방송이라든가 무전기라든가 이런 전파가 잡히면 거기에 문명이 있다는 생각하게 되는 거 아닌가요?

현─ 그렇죠. 아까 말했던 1959년도에 쥬세페 코코니Giuseppe Cocconi

쥬세페 코코니와 필립 모리슨 쥬세페 코코니Giuseppe Cocconi와 필립 모리슨Philip Morrison은 미국의 이론물리학자이자 천체물리학자이다. 두 학자는 코넬대학교 물리학 교수로 있으면서, 우주 속에서 이성을 가진 고등생물이 태양계를 향해 전파 신호를 발사한다는 전제 아래 이 신호를 포착하는 연구를 했다. 이를 외계 지적 생명체 탐사 계획 또는 오즈마 프로젝트라 한다. 이것이 현재 세티 활동의 근간이 되었다.

와 필립 모리슨Philip Morrison이라는 천체물리학자들이 어떤 패러다임을 제시한 것이고, 지금까지는 그 패러다임으로 외계인을 찾고 있는데, 기본적으로 외계인을 찾는 제일 좋은 방법은 가서 보는 거예요. 그냥 여러분이나 저나 우리들의 뇌는 무엇을 보기만 하면 생명체인지 아닌지를 잘 인식하게 진화해왔기 때문에 그냥 척 보면 알아요. 그런데 그냥 보면 저 물체가 생명체인지 아닌지 알 수 있도록 로봇을 만드는 일은 너무 힘든 거예요.

여러분 중에서 아무런 과학적인 지식이 없는 사람 몇 명 뽑아서 화성에 간다면, 지금 가 있는 큐리오시티 호Curiosity Rover보다 훨씬 더 잘할 수 있을 거예요. 그냥 척 보고, 땅을 파보고 지렁이가 있다 아니다 하고 얘기할 수 있잖아요.

큐리오시티 호 큐리오시티 호Curiosity Rover는 나사의 네 번째 화성 탐사선이다. 원래 2009년 7월에 발사되어 2010년 가을에 도착할 예정이었으나, 발사가 연기되어 2011년 11월에 발사되어 약 9개월 동안 우주 공간을 비행한 뒤, 2012년 8월 6일 화성 적도 아래의 분화구 게일 크레이터Gale Crater에 착륙했다. 큐리오시티 호는 길이 3미터, 무게 900킬로그램이며, 장착된 로봇 팔의 드릴로 암석을 약 5센티미터 정도 뚫어 성분 분석을 할 수 있다. 화성의 기온과 습도, 바람 등 기후에 대한 정보도 수집한다. 가장 중요한 임무는 화성의 생명체 존재 여부를 파악하는 것이다. 큐리오시티 호는 화성 표면에서 75센티미터 정도의 장애물을 넘을 수 있고, 최대 이동 속도는 시속 90미터, 평균 속도는 시속 30미터 정도이다. 동력으로는 '방사성 동위원소 열전기 발전기RTG'로 전력을 생산해 자체 조달한다. 이 큐리오시티 호는 약 2년 동안 화성 표면의 탐사를 진행할 예정이다.

• 화성을 탐사하는 큐리오시티 호 •

원― 큐리오시티 호는 지렁이를 잡아서 기계로 자르고, 갈고 해
서 성분이 뭐다 판단을 통해서 알려고 할 거예요.

현― 잘라 갈아도 결론을 못 낼 수 있죠. 그런데 문제는 아까 말씀
드렸듯이 너무 멀어요. 갈 수가 없잖아요. 그러니까 간접적인 증
거를 찾는 것이죠. 다시 또 지적인 능력으로 돌아가자면, 우리는
우리의 지적인 능력을 바탕으로 문명을 만들어냈어요. 망원경도
만들고, 핸드폰도 만들고, 1930년 이후에는 텔레비전도 전 세계
적으로 퍼져나가고, 20세기 초에는 상업 라디오 방송도 등장하
고 그러거든요. 예를 들어서 지구를 우주에서 본다면 원래 지구

가 태양의 전파를 반사해서 내는 전파가 있을 거예요. 어떤 별이나 행성이든 자연적으로 생겨나는 물리적인 현상 때문에 생겨나는 고유한 전파 신호가 있거든요. 그러니까 1800년대 초반에는 외계에서 지구를 봤을 때는 그런 자연적인 전파 신호밖에는 없었을 거예요.

그런데 지금 지구를 외계인들이 관측을 한다고 하면, 의도한 것은 아니지만 텔레비전이나 라디오, 핸드폰과 같은 전파 신호들이 마구 나올 거라는 거죠. 바깥에서 관측하면 이건 이상한 일이겠죠. 그리고 또 우리가 일부러 의도를 가지고 1974년부터 계속 외계를 향해서 전파를 보내고 있거든요. 그렇다면 그런 인공적인 전파 신호들을 받는 입장에서는 이것으로 어떤 문명이 있을 거라고 추측할 수 있다는 거죠. 거꾸로 우리가 어떤 천체를 관찰할 때, 그 천체에서 원래 자연에서 나와야 마땅한 그런 신호 말고 이상한 패턴의 신호들이 나온다면, 일단 인공적인 전파라 의심을 할 수가 있고, 조금 더 추론을 하면 지적 문명체가 존재한다고까지 생각할 수 있다는 거죠.

지적 생명체라면 수학을 잘해야

원— 지금 지적 생명체 얘기를 하시는데, 지난번에 다른 박사님들하고 얘기를 하다가, 이분들이 말씀하시는 게, 지적 생명체는 수학을 할 수 있어야 한대요. 저는 수학하면 기억나는 게 그게 뭔지는 몰라도 사인, 코사인, 탄젠트, 거기까지는 기억나요. 그다음은 아무것도 모르죠. 그런데 수학을 할 수 있어야 한다니요. 보내는 신호가 뭔지는 몰라도 그 논리대로라면 어쨌든 기술문명이이 있어야 하니까 그럴 수도 있겠죠. 물론 그 내용은 우리 얼굴 영상을 보낼 수도 있겠죠?

현— 얼굴도 보내고, 트위터에 올라온 신비한 글들도 보내고, 그런 시도가 있었죠.

원— 우리가 찾는 것은 제가 듣기로는 수열들, 자연계에 없는 수열들, 이런 것들을 찾는 걸로 알고 있거든요.

현 — 그러니까 기본적인 생각을 해보는 거죠. 자연계가 아닌, 문명을 가진 사회에서 빠져나가는 신호들은 어떤 패턴들이 있을 텐데, 가만히 생각해보면 텔레비전을 볼 때도 우리가 2차원 화면을 보잖아요. 그런데 그게 어떻게 들어오는가를 생각해보면, 우리는 모르고 보지만 시간에 따라 일렬로 들어오는 신호를 화면에 뿌려주는 거예요. 핸드폰도 마찬가지로 전파 신호를 소리로 바꿔주는 것이고요. 그렇게 들어오는 신호들은 0과 1로 조합되어 있는 디지털로 된 신호들이 들어오는 것이기 때문에, 기본적으로 우리가 어떤 신호를 외계인에게 보낸다거나 받는다거나 할 때는 그런 방식으로 받게 되거든요. 그래서 그것을 받아서 처리하고, 또 그것을 배열하는 과정이 있기 때문에 결국은 수학적인 마인드, 수학적인 테크놀로지, 수학적인 기반이 있어야 된다는 거죠.

그리고 조금 이따 다시 얘기하겠지만, 기본적으로 우리가 사용하는 말은 공기를 진동시켜서 여러분 귓속에서 그 진동을 듣는 건데, 만일 우리가 화성에서 이런 강연을 한다고 하면 공기 밀도에 따라 다르게 들릴 수 있거든요. 그리고 또 이 세상에 언어가 얼마나 많습니까? 전부 다 다르게 언어가 발달했고, 성대가 이런 식으로 발달하지 않았으면 이런 방식의 언어가 나올 수가 없었을 것이거든요. 우리의 언어라든가 문화라든가 하는 것이 우주에서는 보편적이 될 수가 없다고 생각하는 거죠.

원 — 그러니까 보내서 그쪽이 받는다 해도 전혀 무엇인지 이해할 수 없는 거라는 거죠?

현 — 아마 전혀 인식할 수 없을 거예요. 기본적으로 그걸 분석하는 수단이 없는 거죠. 그래서 아마도 수학이라는 것이 우주 보편적인 언어일 것이라고 과학자들이 생각하는 것이죠.

원 — 과학자들은 늘 그렇게 생각하더라고요. 그런데 소수를 보낸다고 제가 들었거든요?

현 — '소수'라는 건 무척 중요해요. 영어로는 'prime number'라고 하죠. 그러니까 자기 자신과 1로만 나누어지는 수. 뭔가 독특하잖아요. 2, 3, 5, 7, 11, 13, 17과 같은 숫자들. 그다음에 원주율인 3.14… 무한히 뻗어나가는 숫자들. 그런 것들은 우리도 그렇게 깨달았겠지만, 지적인 능력을 가진 문명이라면 그런 것들을 깨달았을 거라고 생각을 하고, 그것을 바탕으로 해서 어떤 작업을 할 수 있겠다는 것이죠.

　간단히 설명하면 텔레비전 전파는 어떤 신호가 일렬로 쭉 들어와요. 0, 1, 0, 0, 0, 1…. 이렇게 신호가 계속 들어오거든요. 그러면 그 신호를 받아서 2차원적으로 펼쳐서 그림을 만들고 싶은데 경우의 수가 굉장히 많잖아요. 보내는 사람이 어떻게 디자인했을 것이냐를 생각해보면, 소수 곱하기 소수로 보낸다는 거죠. 그러면 그거는 두 가지 경우의 수밖에 없잖아요. 한쪽이 소수고, 다른 한쪽도 소수니까…. 그러면 두 번만 작업해보면 알 수가 있는 거죠. 일단 받은 정보에서 숫자가 몇 개인지 보고 그것을 소인

• 외계인들은 수학을 잘할 것이다? •

수분해를 해서 몇 곱하기 몇 만든 다음에….

원— 무슨 말인지 아세요? 다들?

현— 그러니까 수학을 잘할 거라고 믿는 거죠. 외계인들은.

원— 그러니까 소수를 곱해가지고 소인수분해하면 되는 거군요. 사실 우리 같은 사람들은 100만 명이 있어도 저쪽에서 무슨 신호가 오는지 모르는 거예요. 결국은 얼굴을 보내주든가 사진을 보내주든가 해야 되는 거고. 저쪽도 마찬가지고. 저쪽에도 우리 같은 애들 있겠죠? 그렇죠?

현— 트위터 글도 보내는데, 정보의 형식을 바꾸는 걸 '인코딩'한다 그러잖아요? 0, 1, 0, 1 이런 식으로 바꿔서 신호를 보내는 거예요. 그러면 그것을 받아서 암호 풀듯이 풀어서 다시 조합하는 거고요. 얼굴을 찍어서 이렇게 보내도 그걸 다 이렇게 0, 1, 0, 1 로 바꿔서 보내니까 결국은 모두 수학이죠.

원─ 그런데 다소 공격적인 질문을 하자면, 그동안 지금까지 찾은 게 아무것도 없잖아요?

현─ 찾은 게 없죠.

원─ 그러니까 이 방법이 틀렸다는 거 아닐까요?

현─ 사실 그런 문제를 제기하고 있어요. 이 일이 지난 1959년부터 시작한 거고, 실제로는 1960년에 실제로 전파망원경을 가지고 프랭크 드레이크Frank Drake 박사라는 분이 시작했죠. 이분이 이제 연세가 80이 넘어서 세티 연구소에서 은퇴하신 분인데 굉장히 재미있는 분이에요. 이분이 1960년에 당시 서른 살쯤 됐을 때 전파망원경을 가지고 실제로 어떤 별들을 골랐어요. 태양과 비슷한 별들을 골라서 전파관측을 시작했어요. 그랬더니 관측하자마자 신호들이 마구 쏟아져 들어오는 거예요. 그래서 너무 신이 났었는데 그게 알고 보니까 그 근처에 있던 공군기지의 레이더 신호였어요. 그게 최초의 시도였고, 그 이후 한 100여 차례 정도의

프랭크 드레이크 프랭크 드레이크Frank Drake는 1930년에 태어난 미국의 천문학자이자 천체물리학자이다. 세티를 창설하고 드레이크 방정식을 만들었다. 1960년에 고래자리 타우별에 신호를 보내는 오즈마 프로젝트를 만들었다.

각기 다른 이름의 세티 프로젝트들이 있었어요.

그런데 외계 생명체라 할 수 있는 후보들은 좀 있어요. 후보들은 있는데 확신할 수 있는 증거는 아직 없어요. 와우 시그널이란 역사상 가장 강력한 시그널이 있었는데, 이걸 보고 막 흥분하고 '와우' 하고 놀라야 하는데, 신호들이 전파망원경에 포착이 된 것들이 있어요. 그 천체로부터 오는 자연적인 전파를 제거하고, 여러분들 핸드폰, 라디오, 텔레비전, 공군에서 오는 레이더 신호 같은 인공적인 지구 신호들을 다 빼요. 그러고도 어떤 신호가 나오면 의심을 할 수가 있잖아요. 어떤 천체에서 오든지 인공신호라고. 그런 후보들은 꽤 많아요. 그런데 문제는 반복 관측을 하지 못했다는 거죠.

원 — 계속 그 지점에서 같은 게 나와야 하는데 안 나왔다는 거지요?

현 — 네, 그렇죠. 그래야만 통계적으로 의미 있는 게 되는데, 그렇게 못했기 때문이죠. 그런 이유야 여러 가지가 있겠죠. 그쪽에서 신호 보내다가 한두 번 보내고 싫증 난다고 안 보낼 수도 있고, 10년 동안 계속 보내줘야 되는데 그러지도 못하고 그럴 수 있죠. 예를 들면 우리도 그랬거든요. 1974년에 그냥 보내고는 그다음에는 안 보냈거든요. 그리고 1990년대에 다시 보내고 하니까. 관측하다 지속되지 않으니까 포기할 수도 있고요.

또 우리가 관측을 하는 횟수도 일정하지 않고, 관측 시간이 짧았다는 이유도 있고요. 차트 레코드Chart Record란 걸 설명하자면 시간의 흐름에 따라 전파 신호를 그래프로 그리는 기구예요. 이것이 아마 1987년 8월 15일인가에 잡힌 신호인데요. 밑으로 쭉 내려가는 것이 시간이 흘러가는 거고, 쓰여 있는 숫자들이 전파의 세기예요. 아무것도 없는 데는 잡음이고요. 이걸 보면 72초 동안 굉장히 강한 전파가 잡혔다가 지나간 거예요.

원— 연속적으로 72초 동안.

현— 연속적으로 잡힌 거죠. 여기에 사용한 망원경이 빅이어망원경Big Ear Telescope인데, 이건 고정된 망원경이에요. 지구가 돌 때 같이 따라서 도는 것이죠. 그래서 이 망원경에서 어떤 한 천체를 의미 있게 볼 수 있는 시간이 딱 72초예요. 그러니까 딱 72초 동안 저런 강한 전파가 잡혔다는 것이죠.

원— 그러면 실제 전파는 더 왔을 수도 있네요.

현— 더 왔을 가능성이 많지요. 이것을 관측했던 사람이 놀라서 감탄사를 '와우'라고 쓴 거예요. 당연히 다른 전파망원경들한테 캠페인을 벌였겠죠. 다시 찾으려 노력했는데, 또다시 반복되는 시그널을 못 찾았어요. 그래서 그냥 '와우 시그널' 사건으로 끝난 거예요. 이건 굉장히 유명한 사건이지만, 1997년에도 비슷한 사

빅이어망원경   빅이어망원경Big Ear Telescope은 오하이오주립대학교의 세티 프로젝트에 따라 건설된 오하이오주립대학교 전파천문대Ohio State University Radio Observatory에 있는 전파망원경 이름이다.

건이 하나 있었고요. 같은 현상이 반복해서 관측되지 않아서 지금까지는 그저 다 일회성 사건으로 끝나고 있는 거죠.

원— 그러면 그 이후에 저 지점을 다시 관측해도 저런 강한 전파는 안 나타난다는 얘기죠?

현— 그렇죠. 안 나왔다는 거죠.

전파망원경은
무엇을 보고 있을까

원— 요즘 이제 외계 생명체 얘기가 굉장히 다양하게 뉴스에도 나오고 하는데, 전파망원경이 방향을 잡고, 어떤 곳을 보고 있어야 될 텐데, 그렇다면 아무래도 외계 생명체가 조금 더 있을 법한 장소들을 골라서 보게 되나요?

현— 그렇죠. 전에 말했던 1960년에 드레이크 박사가 외계인을 찾기 위한 '오즈마 프로젝트Ozma Project'라는 걸 했는데 태양과 비슷한 별 두 개를 골라가지고 관측했어요. 그 이유는 그 당시에는 그 태양계의 바깥에 행성이 또 존재한다는 사실을 잘 몰랐기 때문이죠. 지금은 외계 행성이라고 부르는 것이 거의 1,000개 가까이 발견됐는데, 그때는 그 사실을 모르니까 태양 같은 별을 관측한 거예요. 우리랑 조건이 비슷할 거라고 생각해서 그렇게 했죠.

그러다가 케플러 우주망원경이라는 게 생겼어요. 이게 2009년

3월에 발사된 인공위성에다 실은 우주망원경으로 우주 공간에서 관측을 하는 것이죠. 이 망원경은 한 지역만을 집중적으로 관측을 해서 그 별들 주위에 우리 같은 행성이 있는가를 찾는 작업을 해요. 2009년 3월부터 관측을 해서 지금까지 공식적인 발표를 두 번 했는데, 약 2,000개가 넘는 행성 후보들을 발견했어요. 제가 조금 전에 확인된 외계 행성이 1,000여 개에 가까이 있다고 했는데, 여기서 관측한 것이 그 정도 숫자가 되는 거예요. 이 중에서 생명체가 살 가능성이 있는, 지구와 크기가 엇비슷한 후보 행성들이 발견이 되기 시작했어요. 그래서 이 케플러 우주망원경 이전에는 태양과 비슷한 별들 중에서 태양과 색깔이나 질량이 비슷한 별들만 목록을 만들었고 그것을 '거주 가능한 별Habitable Star'라고 불러요. 그런 관측만 하다가 2011년 2월 이후로는 케플러 우주망원경으로 발견한 지구와 크기가 비슷하다고 생각되는 그런 별들, 지구와 비슷한 행성을 54개를 골라서 집중적으로 관측하고 있어요. 예전에는 관측하는 게 굉장히 광범위했다면, 지금은 지구와 비슷한 행성이 있을 법한 애들을 집중적으로 하니까, 확률이 훨씬 더 높아지고 있다고 생각해요.

원— 그런데 이 숫자가 꽤 되는데, 사실은 아까 케플러 우주망원경이 아주 좁은 지역을 보는 곳에서만 발견된다고 했잖아요.

현— 그렇죠. 지금까지 케플러 우주망원경이 관측한 지역은 굉장히 좁은 지역이죠. 그렇게 좁은 지역을 4개월씩 두 차례 해서 8개

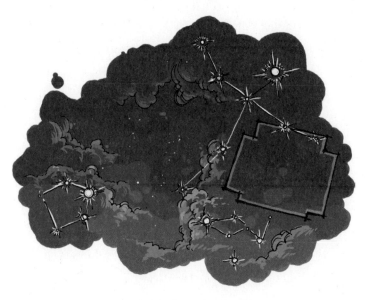

· 케플러 우주망원경의 시야 ·

월 관측한 데이터를 분석했을 때, 약 2,000개 정도의 외계 행성 후보가 나온 거예요. 그 결과를 우리은하 전체로 곱해서 추산하면 과학자마다 숫자는 다르기는 하지만 지구와 비슷한 행성이 우리 은하에만 대략 50억에서 500억 개 정도 있을 것이라고 추론을 하죠. 어쨌거나 이 우주에는 우리가 생각했던 것보다 지구와 비슷한 조건을 가진 행성이 무지하게 많다는 거죠. 헌데 이런 위성 망원경을 보내려면 나사NASA에서 하는 수밖에 없고, 또 나사는 미국 정부에서 돈을 받아와야 하거든요. 그래서 우주망원경이 유용하다는 설득을 할 때 논리가 3년 반 정도 망원경을 가동하면 지구와 비슷한 행성을 수십 개 발견할 수 있을 거라는 거였어요. 헌데 너무 많이 발견돼서 오히려 당혹스러운 거지요.

원— 그러면 만일 50억 개가 있다고 해도, 그중 100만 개에 하나만 생명체가 산다고 해도, 계산을 못할 정도 많다는 얘기군요. 굉장히 많은 생명체가 살고 있을 거라고 상상할 수는 있는 거죠?

현— 그렇죠. 지구와 비슷한 크기와 환경 조건을 가진 후보들이 많다는 얘기는 그만큼 우리와 비슷한 생명체들이 존재할 개연성들이 높아지는 거죠. 물론 그 숫자는 우리가 모르죠. 방금 말씀하신대로 100만 분의 1에만 생명체가 태동을 하고, 또 그중에서 100만 분의 1만 진화를 해서 어떤 지적인 생명체가 되고, 또 그중에서 수학을 잘하는 생명체와 못하는 생명체가 나눠진다고 하더라도 꽤 많을 거라고 생각을 할 수가 있는 거죠.

원— 사실 이 지구상에서는 저처럼 수학 못하는 사람이 메이저죠. 저희가 다수예요.

현— 수학 잘하는 외계 생명체가 볼 때 지구에 대해서는 그런 점을 좀 의아하게 생각할지도 몰라요. (웃음)

원— 그럼 이제 그런 행성들, 우리가 지구와 비슷한 행성들을 찾는 이유는 우리가 생각하는 생명체가 우리의 모습을 기준으로 하기 때문인 건가요?

현— 그런 질문을 당연히 할 수가 있죠. 우주가 이렇게 넓고 다양

한데, 정말 다양한 형태의 생명체가 있을 수 있잖아요? 우리는 기본적으로 탄소라고 하는 원소 주위에 어떤 다른 원소들이 붙어서 분자를 형성하고, 그런 분자를 기반으로 한 세포로 형성된 생명체인데, 다른 별에서는 전혀 다른 경로로 생명체가 생겼을 수도 있잖아요. 그런데 문제는 전 우주에서 우리가 알고 있는 생명체는 오로지 지구의 생명체밖에 없는 거예요. 그리고 지구 생명체는 전부 탄소 기반 생명체로 이루어져 있거든요. 그러니까 이게 지구 중심적인 사고방식이긴 하지만 아직은 대안이 없죠. 만약에 화성에서 탄소가 아니라 실리콘을 기반으로 한 생명체가 발견된다고 하면 우리의 인식 범위를 확장시킬 수 있겠지만, 지금은 어쩔 수 없이 지구 생명체와 유사한 것을 찾는 데 집중하는 것이 훨씬 더 논리적이라고 생각하죠.

탄소 기반 생명체 지구상의 모든 생명체는 탄소를 기반으로 하고 있다. 그 이유는 탄소가 원소 주기율표에서 14족의 원소로, 탄소 원소 하나는 다른 4개의 원소와 결합할 수 있어 가장 많은 화합물을 만들어낼 수 있는 원소이기 때문이다. 이렇게 탄소의 결합 가능한 원소 수가 많기 때문에 다양한 분자를 만들 수 있고, 이 물질들로 대사를 이루어 생명을 지속시킬 수 있다. 더군다나 지구와 같은 환경에서는 공기 중에 탄소와 산소가 결합된 이산화탄소라는 기체가 있어, 새로운 탄소를 섭취해서(광합성) 물질을 합성해 생명을 지속시킬 수 있기 때문이다. 따라서 외계에 생명체가 존재한다면 이렇게 다른 원소와 결합의 변수가 많은, 주기율표상에서 14족의 원소 가운데 결합 가능성이 가장 높은 탄소와 규소라고 생각하고 있다.

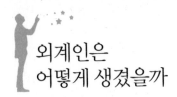

외계인은
어떻게 생겼을까

원 — 그렇다면 만약에 지구와 비슷한 행성이라면, 거기에서 진화
하는 생명체도 우리와 아주 다르지는 않겠네요?

현 — 그럴 거라고 생각을 합니다. 영국에서 과학자 두 사람이 대
중 강연을 하면서 과학자들이 생각하는 외계인은 어떻게 생겼을
까 하는 걸 추론하여 외계인은 이럴 것이다 하고 내린 결론이 있
는데 그게 바로 '조우Zoe'입니다. 'E. T.'랑 비슷하죠. 이것을 보면
우리는 외계인이 굉장히 다를 거라고 생각하지만, 사실 지적 생
명체가 존재할 수 있는 범위는 생각보다 굉장히 좁다는 거예요.
그래서 늘 지구라는 환경 조건을 가정해요. 지구와 거의 비슷한
유사 행성을 찾겠다는 거고, 그런 행성을 집중적으로 관측하는
것이죠.

그렇다면 어떤 조건이 필요하냐면, 일단은 조금 더 크거나 작

거나 하더라도 지구와 크기가 엇비슷할 거 아니에요? 그래야 중력이 비슷할 테니까. 그런 중력을 견디면서 살 수 있는 생명체들의 골격 구조나 이런 것들이 우리와 그다지 다르지 않을 수 있다는 거죠. 예를 들자면 사람 키가 2미터가 넘어가면 중력 때문에 자연스럽게 척추가 굽는다고 해요. 그러니까 결국 외계인이 존재하고 지구와 비슷한 환경 조건이라면 키는 1미터 전후가 될 수밖에 없겠다 하는 생각을 하는 거죠.

눈은 우리가 2개를 갖고 있잖아요. 눈은 최소 2개가 필요할 것 같아요. 그래야 멀고 가까운 원근을 구분하니까요. 눈이 10개 정도 된다면 좋을 것 같지만, 그러면 정보가 많아서 뇌가 커져야 하거든요. 그러면 정보처리 때문에 에너지를 많이 쓰고, 그러자면 또 많이 먹어야 하죠. 그렇다면 생존에 유리하지 않잖아요. 그러니까 눈은 많아봐야 3개 정도일 거고, 결국 우리랑 비슷할 거죠. 다리도 한 100개쯤 되면 좋겠다 싶지만, 그걸 다 제어하려면 뇌가 터져버릴 거 아니에요? 적정하게 효율적으로 적응해서 잘 살 수 있으려면 비슷한 외양으로 진화할 수밖에 없지 않을까 생각하는 거죠. 만일 크기가 빈대만 해서는 일단 기본적인 뇌의 크기를 가지기 어렵겠죠? 그래서 실제로 지구와 비슷한 환경 속에 사는 생명체를 찾는다면 우리와 그다지 다르지 않을 것이다 하는 생각을 하는 거예요. 물론 초기 조건에 따라서 저 모양은 조금씩 달라지겠지만요.

• 눈이 10개면 뇌가 커져 생존에 불리할 것이다 •

원─ 솔직히 이 모습이 우리랑 다르지 않다면 조금 기분 나쁘기는 한데, 외계 생명이라는 기준으로 보면 인간과 상당히 유사한 모습이기는 하죠. 그러니까 옛날에 SF에서 접근하던 방식은 외계 행성은 우리와 너무 다르기 때문에, 외계 생명체도 우리가 상상할 수도 없는 기구 같은 공중을 떠다니는 생명체부터 시작해서, 중력이 아주 큰 곳에서는 벽돌처럼 바닥에 붙어 있는 여러 가지들을 많이 생각을 했었는데, 지금의 관점은 굳이 다른 곳을 찾아야 될 이유가 없기 때문에 오히려 일단은 지구와 비슷한 조건의 행성들을 주로 찾고 있고, 그러다 보니 거기에 사는 생명체들도 우리와 비슷한 모습일 것이다 하는 거죠?

현— 그렇죠. 칼 세이건이 예전에 '부유 생명체'라고 부른 떠다니는 생명체를 생각한 적이 있는데, 그렇게 상상한 이유는 목성 같은 경우 기체로 이루어졌기 때문이죠. 화성이나 금성이나 지구는 땅이 있지만, 토성이나 목성은 기체로 이루어졌기 때문에 지각이라는 게 없어요.

원— 항상 많이들 궁금해하는 건데, 그렇다면 목성에는 착륙이라는 게 불가능한 거죠?

현— 그렇죠. 그냥 그대로 안으로 쑥 빠지겠죠. 물론 속으로 들어가면 금속 부분들이 있지만. 거기에 대기라는 것과 땅이라는 게 없어요.

원— 그러니까 우리가 실제로 보는 목성이라는 거는 구름 덩어리와 가까운 거고, 핵은 그 가운데 있어서 안 보이는 거죠?

현— 우리가 보는 건 목성의 바깥쪽인데요, 목성에는 띠가 보이잖아요. 그건 자전의 속도가 달라서 그렇게 보이는 거예요. 지구야 땅과 물이니까 똑같이 자전을 하지만, 목성이나 태양과 같은 경우는 기체이기 때문에 겉과 속, 또는 지역에 따라서 자전 속도가 달라요. 그러다 보니까 띠 같은 게 형성되는 거죠.

원— 그런 게 목성, 토성, 천왕성, 해왕성들이죠?

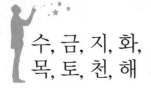

수, 금, 지, 화,
목, 토, 천, 해

현― 그러니까 이제는 태양계 행성의 자리에서 쫓겨난 명왕성은
너무 바깥에 있고 아주 조그마한 데다가 그 부근의 다른 행성들
과는 달리 지각이 있어요. 그래서 태양계에 어울리지 않는다고
쫓아낸 거죠.

원― 그 일에 대해서도 왈가왈부 말들이 많더라고요.

현― 명왕성을 발견한 게 1930년이에요. 클라이드 톰보Clyde
Tombaugh라는 미국 사람이 발견을 했는데, 그 당시에는 천문학자

클라이드 톰보 클라이드 톰보Clyde Tombaugh(1906~1997)는 명왕성을 발견한 미국
의 천문학자이다. 뉴멕시코주립대학교 교수를 지냈다. 그는 대학을 졸업하기
전인 24세 때, 앞선 천문학자인 퍼시벌 로웰Percival Lowell의 예측을 참고로 해서 로
웰 천문대에서 관측하여 명왕성을 발견했다.

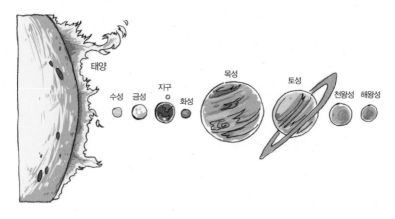

· 명왕성은 태양계에서 쫓겨났다 ·

도 아닌 천문대의 조수였어요. 발견한 다음에 나중에 천문학을
전공을 했어요. 그런데 맨눈으로는 안 보이는 천왕성, 해왕성 같
은 다른 행성들은 전부 유럽에서 발견한 거고, 명왕성이 미국인
이 발견한 처음이자 마지막 행성이었죠. 헌데 발견했을 때부터
조그맣고 궤도도 굉장히 찌그러져 있고 이상했거든요. 행성으로
인정하자 말자 하는 얘기들이 발견 당시부터 나왔어요. 헌데 미
국에서 최초로 발견한 거니까 놓치기 아까웠겠죠. 처음에 행성
으로 인정한 데는 그런 정치적인 이유가 굉장히 컸죠.

원 ― 그 사람들은 아쉬워하겠네요?

현 ― 지금도 명왕성 복권 운동 같은 것도 하고 있죠.

원 ― 명왕성이 달보다 좀 작다고요?

현 — 아직 정확한 크기까지는 모르겠지만 작다고 보고 있어요. 그것뿐만 아니라 명왕성의 문제가 또 있어요. 보통 지구가 있으면 그 옆에 달이 있잖아요. 그렇게 두 물체가 있으면 두 물체가 도는 중심이 되는 질량 중심이라는 게 있어요. 대부분은 질량 중심이 행성 안쪽에 있는데, 왜냐하면 행성이 워낙 크고 위성들이 작으니까 그렇죠. 그런데 명왕성은 명왕성 바깥에 질량 중심이 있어요. 그러니까 마치 아령을 놓고 돌렸을 때처럼 2개가 같이 움직이면서 뱅뱅 도는 거예요. 그래서 이것을 보고 어떻게 행성이라고 부를 수 있나 하는 문제가 나오기 시작하는 거죠.

원 — 이런 이야기를 들어보면 과학 법칙 발견을 통해 정의를 내리기도 하지만, 과학계에도 약간 정치가 있기는 있네요.

현 — 물론이죠. 그것보다 더한 경우도 있을 수 있죠.

원 — 어느 쪽 사람들이 어느 것을 선호하느냐에 따라서 정의가 바뀌기도 하고…. 그래서 우리는 교과서에서는 그때 정해져 있는 정의를 배우다가도, 나중에 나이 들어서 보니까 명왕성은 더 이상 행성이 아닌 거예요. 그래서 이런 것들에 대해서는 사실 반감이 많아요.

현 — 그렇죠. 그런 건 문화적으로 반감이 있죠.

원 — 솔직히 명왕성이야 싫고 좋고의 문제가 아닌데, 어릴 때부터 들어온 사실이 어느 날 갑자기 그게 아니라는 사실이 싫은 거죠.

현 — 우리가 보통 과학을 배우면서 '수, 금, 지, 화, 목, 토, 천,

해, 명' 했는데 어느 날 갑자기 '수, 금, 지, 화, 목, 토, 천, 해' 하면 뭔가 하다 만 것 같고 좀 이상하죠.

원— 다시 외계인 외모 이야기로 돌아가서, 아마도 이런 정도의 모습일 것이다 하는 것도 일종의 경제논리가 적용이 되는 것이죠?

현— 모든 것이 그렇죠. 물론 엄청나게 다른 부유 생명체 같은 그 무엇이 있을 수도 있지만, 그런 것은 현재 우리가 찾을 수 있는 인식 범위 바깥이라고 생각하는 거죠.

원— 그런데 우리는 전파망원경으로 들어오는 전파를 잡고, 다른 한편으론 케플러망원경으로 우주를 들여다본단 말이에요. 그렇게 해서 지구 비슷한 행성도 발견하고, 어쩌면 나중에 어떤 신호를 받을 수도 있겠지만, 사실은 전파망원경으로 신호를 받기 전에는 케플러망원경이 아무리 많은 조건이 될 만한 행성을 찾아내도 외계 지적 생명체가 있다는 확인을 하자면 사실은 만나봐야 하는 거 아니에요.

현— 사실 직접 만나는 게 가장 좋다고 생각은 하는데, 인식의 전환을 해보면 만난다고 하는 행위가 꼭 모든 것을 증명할 수 있는가 하는 생각도 해볼 수 있어요. 왜냐하면 우리가 항상 이렇게 생각하고 인식하고 경험하는 것은 굉장히 구조적으로 제한되어 있는 것이거든요. 사실 지구가 돈다고 하지만, 그건 배워서 알고 있는 것이지 몸으로 느끼고 체득한 건 아니거든요. 그렇다면 그런 것들을 좀 확장된 인식으로 생각하는 것이 오히려 그런 것들

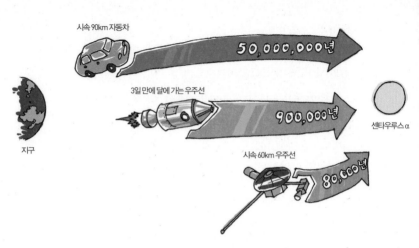

시속 90km 자동차
50,000,000년

3일 만에 달에 가는 우주선
900,000년

센타우루스α

지구

시속 60km 우주선
80,000년

· 센타우루스자리 알파별까지의 머나먼 여정 ·

의 실체에 접근하는 데 도움이 될 수 있을 거라는 생각도 해보죠.

원- 우리가 눈으로 보고, 만지고, 대화를 한다는 것조차 사실 어떻게 보면 정확한 게 아닐 수도 있지요. 예를 들어서 외계인을 우리가 만난다고 해도 내가 직접 볼 확률은 떨어지기 때문에 그 만남에도 의문이 생길 수도 있고, 사실이 그렇지 않을 수도 있죠. 결국은 우리는 누가 봤다고 하는 이야기를 접하는 것이죠. 이런 한계들을 생각을 해보면 우리가 경험했다고 생각하지만, 사실은 경험하지 않은 것일 수도 있으며, 직접 만났다 하더라도 여러 가지 문제가 발생할 수 있다는 것일 텐데…. 그런데 전파망원경은 무선 통신을 하듯이 교신 수단으로도 쓰일 수 있는 건가요? 거기에는 문제가 없나요?

현— 가장 큰 문제가 거리죠. 처음에는 세티 프로젝트를 'CETT'라고 썼어요. 찾는다는 'Search' 대신에 소통한다는 'Communication' 이라는 말을 썼죠. 헌데 전파학자들이 곧 깨달았어요. 문제는 커뮤니케이션이 전혀 안 된다는 것이었죠. 왜냐하면 일단 태양까지도 빛이 도달하는 데 8분 20초가 걸리거든요. 그러면 여기서 태양에 있는 어떤 친구한테 "안녕" 하면 8분 20초 동안 걸려 전파가 날아가 그 친구가 들어요. 그리고 또 거기서 "응" 하고 대답하면 다시 8분 20초가 걸려야 하기에, 결국 이 간단한 대화 하나에 16분 40초가 걸리거든요. 그러면 지구에서 가장 가까운 별인 센타우루스자리 알파별까지 빛의 속도로 4.3년 정도 걸리거든요. 그러면 제가 여기서 그 별의 친구에게 "안녕" 했는데 다시 회답을 들으려면 8.6년이 걸리니까, 그때까지 제가 산다는 보장도 없으니 쌍방향 커뮤니케이션이라는 게 불가능하다는 걸 깨달은 거죠. 그래서 잽싸게 'Communication'에서 'Search'로 이름을 바꿨죠.

센타우루스자리 알파 센타우루스자리 알파α Centaurus는 센타우루스자리에서 가장 밝은 별로 실시등급 −0.01등성의 친구에서 네 번째로 밝은 별이다. 육안으로는 하나로 보이지만 사실 이 별은 태양과 매우 비슷한 센타우루스자리 알파 A 오렌지색 왜성으로 태양보다 좀 더 가볍고 차가운 센타우루스자리 알파 B 두 별로 이루어져 있다. 센타우루스자리 알파는 태양에서 가장 가까운 항성계로, 4.37광년 떨어져 있다. 그렇기에 SF 소설이나 영화에서 별들 사이를 여행하는 성간여행의 소재로 많이 쓰였으며, 성간여행을 현실화할 경우 가장 먼저 방문할 후보이다.

우주여행은 현실적으로 가능할까

원— 지금 우리가 살고 있는 은하계, 제가 알기로는 지름이 한 10만 광년쯤 된다고 알고 있거든요.

현— 그렇습니다. 우리가 은하 중심에서 한 3만 광년 정도 떨어져 있어요. 빛의 속도로 3만 년을 가야 우리가 살고 있는 우리은하 중심에 도달하는 거죠.

원— 그럼 거기 중간에 살고 있는 누구하고 얘기를 하려면 한 3만 년, 5만 년의 시간이 걸린다는 얘기네요.

현— 그렇죠. 아까 그 지름 305미터 직경의 아레시보망원경에서 1974년 11월에 '아레시보 메시지Arecibo message'라는 2진법과 각종 기호들로 이루어져 있는 메시지를 전파로 송신을 했어요. 그런데 그 망원경은 움직일 수 없는 것이라 그 위에 떠 있던 '구상성단'이라는 천체로 전파를 날려 보냈는데, 거기에 별들이 수십만 개가 밀집해 있어요. 경제적이잖아요. 그 방향에 쏘면 수십만 개 별에 한꺼번에 보내니까. 그런데 문제는 거기까지 거리가 1만 5,000광년이었나 했다는 거죠. 지금 한 3, 40년 날아가고 있는데, 앞으로 아직 1만 5,000년을 더 날아가야 메시지가 도달을 하는 거죠. 그러니까 거리의 문제 때문에 커뮤니케이션이라는 건 불가능하다 이거죠.

원― 그러면 반대로 세티가 외계 신호를 결국 찾았다고 가정하고, 그 신호가 뭐 5만 광년 떨어진 곳에서 온 거다 하면 보낸 외계인은 5만 년 전에 보낸 거니까 없어졌을 수도 있고 그런 거죠?

현― 그렇죠. 그래서 사실은 제가 〈오래된 유서〉라는 제목으로 지금의 이런 얘기를 쓴 적이 있었어요. 우리도 우주 공간으로 전파를 마구 날려보내는 거죠. 외계의 여러 문명들이 존재했다면 그들도 마구 전파를 날렸을 것이고, 지금 우리가 그 흔적들을 탐사하는 거죠. 그래서 그들의 흔적을 찾는다는 것이 좋은 표현인 것 같아요. 그러니까 어떤 메시지를 보낼 때는, 그 아레시보 메시지

구상성단 구상성단球狀星團은 은하를 중심으로 궤도를 가진 구형을 이룬 별들의 집단이다. 구상성단은 매우 단단하게 중력에 의해 묶여 있기 때문에 공 모양을 하고 있으며, 중심 쪽의 별들의 밀도가 높다. 구상성단이라는 이름은 라틴어로 작은 구체를 의미하는 'gloubulus'에서 유래했다. 구상성단은 매우 흔한 것으로 우리은하에만 158개 정도가 있으며, 큰 은하계에는 더 많은 수의 구상성단이 있다.

도 사람의 모양을 이렇게 그려놓고, 태양계에서 지구의 위치도 그려놓고, DNA 이중 나선구조도 있고, 1부터 10까지의 숫자를 2진법으로 바꿔서 써놓았거든요. 그런 것들은 어떻게 보면 우리 자신을 대표할 수 있는 것을 한 장에다 마치 유서처럼 다 집어넣는 거죠. 그러면 그걸 다른 문명이 받았을 때는 우리는 없을 확률이 높을 것이고, 또 우리가 어떤 외계 지적 생명체의 그런 메시지를 포착했다는 얘기는 어쩌면 그들의 유서를 보는 것일 수도 있다는 거죠.

원─ 사실 지구의 과학문명은, 아까 말씀하신 대로 우리가 전파를 어떤 형태로든 송출할 수 있게 된 게 100년 남짓밖에 되지 않는데, 우리가 그전에 몇천 년 이상 있었다 하더라도, 만일 무슨 일이 일어나서 인류가 다 멸망해버리면, 그 전파를 다른 문명이 잡지 못하면 우리의 유서도 결국은 전해지지 않는 것이고, 우리가 존재했다는 흔적도 없는 거죠.

원─ 결국은 이게 타임이 맞아야 서로가 그것도 알게 되겠네요. 서로 간에 존재했다는 걸.

현─ 그렇죠. 그래서 외계 지적 생명체 찾는 데 드레이크 방정식이라는 게 있는데, 이건 드레이크라는 사람이 만들어서 그런 이름을 붙인 겁니다. 이 방정식에 이런저런 논리적인 것들을 집어넣으면 숫자 N이란 것이 튀어나오는데, 그게 우리은하 안에 있는 외계 지적 문명체의 수예요. 저 숫자들이라는 것들은 별의 개

수도 있고 여러 가지인데, 아직 그 대부분을 몰라요. 그러니까 다 모르는 숫자를 곱해서 어떤 숫자를 찾자는 방정식이거든요. 물론 그 가운데는 아까 케플러망원경을 통해서 행성의 숫자라든가 하는 것들의 윤곽이 나오고 있기는 하죠.

원 ─ 이 방정식에 들어가는 숫자도 모른다는 말씀이죠?

현 ─ 대개는 잘 모르고 확실하지도 않죠. 앞에 있는 숫자인 R^*은 별의 개수인데 이건 조금 알고요, f_p는 행성이 있을 확률인데 이것도 확실하지 않죠. 이런 것까지는 케플러망원경의 통계를 통해서 조금 알아가는 건데, 예를 들어서 f_l이라는 건 어떤 행성에

드레이크 방정식 드레이크 방정식은 인간과 교신할 수 있는 지적인 외계 생명체의 수를 계산하는 방정식으로, 1960년대 프랭크 드레이크 박사에 의해 고안되었다. 이를 통해 지적인 외계 생명체의 수를 추측해볼 수 있다.

드레이크 방정식은 다음과 같다. 이 방정식의 변수는 7개이다.

$$N = R^* \times f_p \times n_e \times f_l \times f_i \times f_c \times L$$

N: 우리은하 내에 존재하는 교신이 가능한 문명의 수

R^*: 우리은하 안에서 1년 동안 탄생하는 항성의 수(곧 우리은하 안의 별의 수/평균 별의 수명)

f_p: 이들 항성들이 행성을 갖고 있을 확률(0에서 1 사이)

n_e: 항성에 속한 행성들 중에서 생명체가 살 수 있는 행성의 수

f_l: 조건을 갖춘 행성에서 실제로 생명체가 탄생할 확률(0에서 1 사이)

f_i: 탄생한 생명체가 지적 문명체로 진화할 확률(0에서 1 사이)

f_c: 지적 문명체가 다른 별에 자신의 존재를 알릴 수 있는 통신 기술을 갖고 있을 확률(0에서 1 사이)

L: 통신 기술을 갖고 있는 지적 문명체가 존속할 수 있는 기간(단위: 년)

· UFO는 정말 있을까? ·

서 생명체가 탄생할 확률인데 이런 건 전혀 모르죠. 그다음에 f_i
는 탄생할 생명체가 지적 생명체로 진화할 확률인데 전혀 모르는
것이죠. 그다음에 f_c는 커뮤니케이션이라서 지적 생명체가 전파
망원경을 발명해서 전파를 송출하거나 수신할 확률, 이거도 전
혀 모르죠. L은 지속시간인데 이건 또 어떻게 알겠어요? 그래서
저는 이 방정식을 '우리는 전혀 몰라 방정식'이라고 불러요.

원 ― 이러면서 지성, 지성 하고 얘기하면 안 되죠. 말장난이지 뭐
예요?

현 ― 그렇지만 이게 어떤 식으로 그런 실체에 다가가야 하는가 하

는 방법을 가르쳐주는 그런 방정식이죠.

원— 어쨌든 간에 이 모든 문제와 어려움에도, 우리의 욕구는 또 저쪽에 어딘가에 지적 생명체가 산다면, 그들의 욕구도 어디론가 나가서 직접 우주를 탐사하고 외계 생명체도 찾아보고 문명도 만나보고 싶다 하는 게 있을 것이고, 또 그게 언젠가는 가능할까요?

현— 가능하리라고 보는데요. 많은 UFO 가운데 아담스키 형 UFO란 것이 있어요. 아담스키는 제가 어렸을 적에 《소년중앙》, 《어깨동무》 이런 잡지에 화보로 많이 나오던 사람이에요. 저도 꼬마 때 거기에 열광했죠. 그런 사진과 내부의 도면 같은 것을 스크랩하곤 했는데, 내부는 2층 구조로 되어 있어요. 아담스키란 사람이 금성에서 온 UFO 속에 들어가서 자기가 생활하다가 나왔다고 도면을 그려놨죠.

원— 아담스키 때는 UFO는 전부 태양계 안에서 왔죠?

조지 아담스키 조지 아담스키|George Adamski|는 1987년 『UFO와 우주법칙』이라는 책을 썼다. 이 책에 따르면 그는 사막에서 처음으로 외계인을 만났으며, 외계인은 지구인과 비슷하게 생겼지만 무척 아름다웠다고 한다. 자신을 금성인이라고 소개한 그 외계인은 아담스키에게 텔레파시로 절대자의 가르침을 전했다고 한다. 태양계에는 12개의 행성이 있고, 여기에는 사람들이 살고 있으며, 지구인은 가장 문명의 수준이 낮다고 한다. 그리고 외계인이 지구를 방문한 목적이 핵전쟁의 위험성과 환경 재난을 미리 경고하기 위해서라고 했다. 그 후 아담스키는 지구인과 유사한 모습을 지닌 화성인과 토성인을 만나 UFO에 직접 탑승했다고 한다. 그는 이 책에 UFO의 도면을 그려놓았다.

현— 금성에서 화성에서 오고. 모두 태양계에서 왔는데 그 구조를 그린 그림을 도화지에다 붙이고, 제가 또 거기다가 칸칸이 방을 나누고, 우리 반에서 데려갈 아이들 정하고 그랬죠. 거기서 텔레비전도 봐야 하니까 안테나도 세우고 그러면서 제 나름대로의 UFO를 만들었어요. 그런 로망이 있지요. 지금도 무언가가 외계에서 오고 외계로 날아다니고, 여기도 외계인들과 함께 있고 그랬으면 좋겠어요.

원— 여기도 그런 분들 있으면 손들어보실래요?

현— 그랬으면 좋겠는데, 현실적으로는 물리법칙을 전제로 해서 어떤 사고들을 하고, 논리적으로 추론했을 때 가장 걸리는 문제가 거리죠. 그것 때문에 쉽게 우주여행을 하기 힘들 거라고 생각하고 있는 거죠.

원— 광속 한계라는 문제가 또 있는 거죠?

현— 그렇죠. 어떤 정보나 물체가 우주 안에서는 아무리 빨라도 빛의 속도는 넘을 수 없는 게 문제죠. 그게 상대성이론의 기본 중 기본이거든요. 그게 깨지면 상대성이론이 깨지고, 그러면 물리학 교과서도 다시 써야 하지만 당연히 이게 깨질 수도 있겠죠. 하지만 지금 제가 이야기하거나 과학자들이 하는 모든 일의 바탕에는 상대성이론과 양자역학이라고 하는 기본이 있는 거죠. 그것에 의하면 우주여행을 하는 일은 결코 생각처럼 쉬운 일은 아니라는 전제가 가로막고 있는 것이죠.

원— 아까 가장 가까운 별도 빛의 속도로 4.3년 걸린다니까….

현— 지금 로켓 가지고는 5만 년에서 7만 년 걸리니까 가겠어요?
가지 못하죠.

원— 뉴스를 보니까 어느 업체에서 화성으로 다시 돌아올 수 없는
여행을 하려는 사람을 모집하고 있어요. 2025년에 가는 건데, 가
서 이 사람들은 지구로 다시 돌아올 생각하지 않고 거기서 식민
지를 건설하려고 가는 거죠. 처음에는 4명이었던가요?

현— 지금 1,000명도 넘은 것 같아요. '마스 원'이라고 하는 네덜
란드 회사인데요, 제가 네덜란드에서 박사학위를 했거든요. 거

상대성이론　상대성이론은 앨버트 아인슈타인Albert Einstein이 발표한 시간과 공
간에 대한 물리이론으로, 1905년에 발표한 특수상대성이론과 1916년에 발표
한 일반상대성이론이 있다. 상대성이론은 서로 다른 상대속도로 움직이는 관
측자들은 같은 사건에 대해 서로 다른 시간과 공간에서 일어난 것으로 측정하
며, 그 대신 물리법칙의 내용은 관측자 모두에 대해 서로 동일하다는 것이다.
아인슈타인은 자신의 상대성이론에 대해 이처럼 말했다. "상대성이론은 돌파
구가 있을 것 같지 않은 심각하고 깊은 옛 이론의 모순을 해결하기 위해 생겨
났다. 이 새로운 이론은 일관성과 간결함을 유지하면서 옛 이론의 모순을 강력
히 해결한다."

마스 원　마스 원Mars One은 네덜란드의 비영리로 회사로 개인과 기업의 지원을
받아 화성 정착 거주 프로젝트를 진행하고 있으며, 다시 지구로 돌아올 수 없는
조건에도 현재 10만 명이 넘는 신청자가 있다. 2016년 화성에 이주민의 거주지
를 건설할 로봇을 보낼 예정이다. 신청자 가운데 선정된 사람들을 8년 동안 화
성 적응을 위한 훈련을 진행하며, 2023년이면 화성에 4명을 보낼 계획이다.

• 화성 이주 신청자를 모집하는 '마스 원' •

기 사람들이 별의별 짓을 다 해요.

원─ 지금 이게 현실적으로 가능한 건가요?

현─ 보내는 거야 가능하겠죠. 못 돌아오니까 그만인 거지.

원─ 그런데도 이걸 가겠다는 사람들이 이렇게 많다는 얘기잖아요.

현─ 그렇죠. 신청을 하고 있는 거죠.

원─ 실제로 보내는 건 지금 기술로는 한 번에 몇 명밖에 못 보내죠.

현─ 그렇겠죠. 유인 우주선이 가려면 달까지는 2, 3일이면 가거

든요. 그 정도 시간이면 굶어도 되는데. 화성까지 가려면 큐리오

메이커스

정식 한국어판
大人의科学
별책부록

vol.1

70쪽 | 값 48,000원

천체투영기로 별하늘을 즐기세요!
이정모 서울시립과학관장의
'손으로 배우는 과학'

make it! **신형 핀홀식 플라네타리움**

vol.2

86쪽 | 값 38,000원

나만의 카메라로 촬영해보세요!
사진작가 권혁재의
포토에세이 사진인류

make it! **35mm 이안리플렉스 카메라**

vol.3

Vol.03-A 라즈베리파이 포함 | 66쪽 | 값 118,000원
Vol.03-B 라즈베리파이 미포함 | 66쪽 | 값 48,000원
(라즈베리파이를 이미 가지고 계신 분만 구매)

라즈베리파이로 만드는
음성인식 스피커

make it! **내맘대로 AI스피커**

vol.4

74쪽 | 값 65,000원

바람의 힘으로 걷는 인공 생명체
키네틱 아티스트
테오 얀센의 작품세계

make it! **테오 얀센의 미니비스트**

vol.5

74쪽 | 값 188,000원

사람의 운전을 따라 배운다!
AI의 학습을 눈으로 확인하는
딥러닝 자율주행자동차

make it! **AI자율주행자동차**

메이커스 주니어

만들며 배우는 어린이 과학잡지

(초중등 과학 교과 연계!)

교과서 속 과학의 원리를 키트를 만들며 손으로 배웁니다.

메이커스 주니어 01

50쪽 | 값 15,800원

홀로그램으로 배우는 '빛의 반사'

Study | 빛의 성질과 반사의 원리

Tech | 헤드업 디스플레이, 단방향 투과성 거울, 입체 홀로그램

History | 나르키소스 전설부터 거대 마젤란 망원경까지

make it! **피라미드홀로그램**

메이커스 주니어 02

74쪽 | 값 15,800원

태양에너지와 에너지 전환

Study | 지구를 지탱한다, 태양에너지

Tech | 인공태양, 태양 극지탐사선, 태양광발전, 지구온난화

History | 태양을 신으로 생각했던 사람들

make it! **태양광전기자동차**

시티 호가 2011년 11월인가 출발을 해서, 작년 8월 달에 도착했거든요. 한 8, 9개월을 날아가야 돼요. 그 사이에 먹지 않으면 죽겠죠. 그러니까 무슨 수단을 강구해야 해요. 그러니까 먹을 것, 숨 쉴 것을 다 마련해야 하니까 편도로 가는 것조차 결코 쉬운 일이 아니지요.

우주 공간의 축지법

원— 지금 이런 식으로 화성 가는 것조차 8개월 걸리는 거리니까, 그것보다 훨씬 먼 태양계 밖으로 간다는 건 거의 상상조차 못하는 상황인데요. 제가 얼마 전에 《파퓰러 사이언스Popular Science》란 잡지를 보다가, 거기서 중력 거품인가 뭔가로 둘러싸가지고 광속을 우회하는 법이 있다는 식으로, 마치 현실적으로 가능한 것처럼 얘기를 해놨더라고요.

현— 일단 지금 우리의 로켓 추진력으로는 아까 4.3광년 가는 데 한 5만 년, 7만 년이 걸리는데, 기술이 점점 발달하면 더 빨라지

《파퓰러 사이언스》 《파퓰러 사이언스Popular Science》는 미국의 월간 대중 과학 잡지로, 주로 일반 독자를 위한 과학과 기술에 관련된 기사를 소개하고 있다. 1872년에 창간했으며 현재 30여 개의 언어로 45개국에서 발간하고 있다.

겠죠. 문제는 그 정도로 빨라져봤자 7만 년이 5만 년이 되고, 다시 3, 4만 년이 되고, 다시 1만 년 되는 그런 수준인 거죠. 그런데 그렇게 해서는 갈 수 없는 거잖아요. 최소한 100년, 1,000년은 돼야 그래도 조금 현실적이라고 얘기할 수 있죠. 왜냐하면 100년이 되면 3세대 정도 내려가니까 가면서 아기도 낳고, 그러면서 가야 될 텐데….

청중1 그 정도 더 지나면 왜 가는지조차 다 잊어버릴 것 같아요.

현 그리고 또 자식들이 부모 말을 안 듣잖아요. 저도 자식을 키우는 사람이지만, 저도 그랬고. 1세대는 사명감을 가지고 센타우루스자리 알파별로 간다고 했는데, 가다가 애들은 왜 가느냐 하면 끝장나는 거잖아요.

원 그러니까요.

현 그러니까 현실성이 없는 거죠. 100년, 1,000년도 그런데. 그러니까 결국 우주여행을 몇 년, 몇십 년 단위로 하려면 거의 광속에 가깝게 날아야 된다는 거죠. 그런데 거의 광속에 가깝게 날자면 문제가 많잖아요. 빨리 가려면 에너지도 엄청 들 거고, 그걸 견딜 수 있는 우주선을 만들 소재도 있어야 하고요. 우리가 상상은 할 수 있지만 굉장히 힘들 거라는 거죠. 그런데 광속으로 날아가면 좋은 점이 있어요. 상대성이론에 따르면 광속에 가깝게 가면, 광속에 가깝다는 게 광속의 60퍼센트 정도가 아닌 99.9퍼센트 정도가 되면 시간 간격이 길어져서 짧아져요. 여기서 지구에서 20년 정도의 시간이 광속으로 날고 있는 우주선 안에서는 1년밖에 안 되는 거죠. 그리고 거리도 짧아져요. 그러니까 4.3광년을 가야 할 거리를 축소시켜서 갈 수 있는 거예요.

원─ 우주선에 타고 있는 사람한테만 그런 거죠?

현─ 지구상에 있는 사람은 해당이 안 되고 우주선에 타고 있는 사람만 그런 거죠. 그러니까 상대성이론이 있기 때문에 이론적으로는 광속의 99.9퍼센트의 속도로 날아갈 때 시계가 천천히 간다고 하면, 그 시간만 천천히 가는 게 아니라 우리 몸을 이루고 있는 원자들의 움직임도 그런다는 거죠. 그러니까 우리가 늙지도 않는다는 거예요. 실제로 시간이 다르게 가는 거예요. 생체 시계도 다르고 거리도 짧아지는 거죠.

이렇게 광속으로 갈 수 있는 로켓을 만들 수 있는가 하는 문제에선 현재의 물리학으로는 힘들다는 얘기고요. 지금 잠깐 말씀하신 아이디어 같은 것들은 이론적으로는 가능하다고 하는데, 문제의 허점들이 있어요. 어떤 아이디어 중의 하나가 있냐 하면, 아까 말한 중력 거품이란 것은 음이온, 그러니까 음이온의 에너지를 가진 버블을 만들자는 얘기예요. 그거는 상대성이론에서는 우리 우주 속에서는 빛의 속도보다 빨리 움직일 수 없지만, 우주 공간은 빛의 속도보다 빨라도 상관이 없어요. 우리가 빛의 속도보다 빠르게 날아갈 수는 없으니까, 우리는 가만히 있고 거꾸로 공간을 빨리 바꿔버리면 되지 않겠는가 하는 거지요. 로켓이 빨리 가는 게 아니라 우리 주변의 우주 공간을 빛의 속도보다 빨리 움직이게 하자는 거죠.

원 — 이게 이론적으로는 가능해요?

현 — 이론으로는 가능하죠. 왜냐하면 우주 공간 자체가 빛의 속도보다 빨리 팽창하거나 수축하는 거는 상대성이론에서 전혀 문제가 없거든요. 그 속에 있는 구성원들이 정보를 주거나 움직일 때 빛의 속도라는 벽이 있는 거거든요. 그러니까 역발상으로 나는 여기 가만히 있는데, 내 주변 공간을 빨리 달리게 만들자는 거예요. 그런 이야기를 하면서 음의 에너지, 뭐 이런 이야기를 하는데, 들으면 꽤 그럴듯하잖아요?

거기까지는 괜찮은데, 문제는 음의 에너지니 하는 것들이 빛의 속도가 빠르게 나를 감싸서 보내줘야 하는데, 그러려면 이론적으로 두 가지 문제가 있어요. 하나는 그 음의 에너지라고 하는 것이 양자역학적으로 아주 작은 공간 속에서 생겼다가 소멸이 되는데, 그걸 내가 제어해야 하잖아요. 내가 마음대로 제어해서 이를 에너지로 만들어야 하는데, 그런 것이 기술적으로 불가능해요. 또한 가지는 그 음의 에너지를 가지고 있다 하더라도, 그걸 주변에다 뿌려야 내가 거기에 편승을 하는데, 그 에너지를 뿌린다고 하는 게 벌써 상대성이론을 위배하는 거예요. 공간 속에서 이 에너지를 뿌려야 되는데 광속보다 빨리 뿌려야 하는 거죠. 이런 모순에 빠지게 되죠. 그래서 결론적으로는 좋은 아이디어지만, 지금의 패러다임에서는 이론적으로도 모순이 있다는 말이죠.

원— 이걸 제가 제 마음대로 말하자면, 옛날에도 축지법이란 게 있었어요. 축지법은 내가 빨리 걷는 것이 아니라 땅을 줄이는 거잖아요. 이것도 지금 이런 개념인거죠?

현— 네, 그런 개념이죠.

원— 그런 복잡한 과학 언어에 현혹되지 마시고요. 이게 바로 인문학과 과학의 만남이죠.

현— 지금 바로 그 융합을 보고 계십니다.

우리 동네에
외계인이 산다

원— 그러면 아까 과학자 되기 전에 한때는 꿈을 꾸었던 그걸 이
야기해보죠.

현— 지금도 저런 버블 같은 거는 로망이기는 하죠. 제가 존경하
는 마틴 리스Martin Rees라는 영국 왕립천문대협회 회장을 한 천문학
자가 있어요. 그런 왕립이 붙은 곳은 전통을 중시하는 무척 보수
적인 협회예요. 그런데 그런 곳의 회장을 지낸 과학자가 5, 6년
전부터 대중들 앞에 나와서 "외계인이 내 옆에 와 있을 수 있다"

마틴 리스 마틴 리스Martin Rees는 영국 케임브리지대학교의 천체물리학 교수이
자 명예 왕립천문대장으로, 우주론 연구자이자 천체물리학자이다. 우주 구조
의 형성, 고에너지 물리학 등에 대한 연구를 했으며 저서로 『우주』, 『여섯 개의
수』와 같은 책들이 있다.

라는 말을 공공연하게 해요.

그런데 전제조건이 있죠. 지금까지 제가 말하면서 힘들 것이라고 한 것은 지금 현재의 물리학의 패러다임 아래서는 그렇다는 얘긴데, 불과 100여 년 전만 해도 상대성이론이 태동하던 시기였고, 뉴턴 역학이 다였잖아요? 그런데 지금은 상대성이론이란 걸 가지고 있으니, 100년 후에도 과연 지금의 패러다임으로 생각할까 하는 문제가 있는 거지요. 그때가 되면 지금과는 완전히 다른 물리학의 체제를 가지고 생각할 수도 있다는 거죠. 그렇다면 우리는 지금 우리가 볼 수 있는 인지의 한계가 있는 거죠. 그런데 만약 우리보다 훨씬 발달한 문명에서 우리가 지금 문제라고 생각하는 것들이 문제가 되지 않도록 새로운 자연의 법칙을 발견해냈다면, 그들은 우리가 상상하기 힘든 순간이동 같은 것들을 실제로 이용할 수도 있을 거 아니에요. 그러면 그들이 여기 와서 우리 옆에서 "지구인들이 하는 말은 60퍼센트만 맞아" 하고 이야기할 수도 있죠. 그런데 실제는 그네들이 와 있어도 인지하지 못할 거라는 거죠.

원— 그러니까 우리 식으로 오는 게 아니라 다른 방식으로 오는 거죠?

현— 우리는 우리 방식대로만 생각하니까 믿기 어려운 것도 있고, 그렇게 와 있을 수 있는데, 문제는 왜 지구 같은 데 오겠냐는 거죠. 훨씬 더 좋은 곳도 있을 텐데.

원─ 우리가 생각해도 그렇지 않아요? 이렇게 볼 것이 없는데 뭐 하러 와?

현─ 그런 것도 있고, 설사 왔다고 해도 우리를 고전적인 방식으로 납치를 한다는 건 너무 시시하지 않아요? 그런 생각이 드는 거죠.

원─ 사실 외계인에 납치됐다는 사람들 많잖아요. 대개 자고 있을 때 난쟁이 외계인들이 와서 납치해 어떤 곳에 데리고 가서, 막 수술도 하고, 성교도 하고 그래요. 그런 경우가 있어서 임신했다는 사람도 있어요. 그런데 낳은 애는 또 없잖아요.

현─ 맞아요. 그런 건 못 들어본 것 같아요.

원─ 있으면 재미있을 텐데. 한마디로, 그런 식으로 하지는 않을 것 같다는 거죠. 발전한 외계인들이 그 먼 데서 여기까지 와서 기껏 하는 짓이 그런 거고, 그냥 돌아가는 거예요.

현─ 너무 시시하죠.

원─ 그러면 세티도 그렇고, 향후 전망은 어떻게 보세요? 지금 세티는 50, 60년 됐는데.

현─ 일단 외계 생명체를 찾기에는 시간이 너무 짧았죠. 우주라는 긴 시간과 먼 거리를 생각하면 50년 동안 탐색했다는 것은 어떤 방법론을 가지고 시도를 해봤다는 것에 불과한 것이죠. 사실 우리는 우주에서 문명을 가졌다고 해도 이제 데뷔한 게 100년밖에 안 된 거잖아요. 이제야 전파로 우리를 알리기로 시작했으니까. 그전의 우리는 우주적인 입장에서 문명이라고 부를 수 없는 거죠. 의사소통을 할 수가 없으니까. 이럴 때 뭐가 발견됐다는 것은 너무 공짜를 기대하는 거죠. 그러니까 좀 더 긴 시간이 필요할 것이라고 생각하고요. 현재의 전략도 이제 54개의 지구와 유사한 행성 후보를 집중적으로 탐색하는 것도 굉장히 제한된 목표를 향하는 것이죠. 제2의 패러다임으로 넘어온 것인데, 그런 식의 전략을 세워서 꾸준히 하면 될 거라고 생각하고요. 현재 세티의 과학자들은 2035년을 디데이로 봐요. 그때 발견하겠다는 게 아니라, 아까 이야기한 와우 시그널 같은 시그널 한 개가 99.9퍼센트의 확실한 수준에 도달할 거라는 거죠.

원— 2035년? 근거는?

현— 근거는 아까 보셨던 망원경을 365일 가동을 해서 54개를 목표로 정해놓고 계속하면 누적되는 숫자가 있잖아요. 그 숫자를 계산하면서 1년에 50일은 고장 나고 하는 것까지 계산에 넣어서 해보면, 그 날짜쯤 되면 한 신호에 대해서 99.9퍼센트 정도의 수준에 도달하니까 이것이 지적 생명체가 있다 없다를 얘기할 수 있겠다는 거죠.

원— 그럼 뭐 어쨌든 우리 대부분은 살아 있을 때 아마 알 수 있을 것이라는 거죠?

현— 그런 건 굉장히 흥분되는 얘기죠.

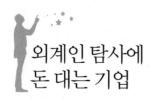

외계인 탐사에
돈 대는 기업

원― 질문이 엄청나요. 굉장히 많이 들어왔습니다. "듣다 보니 외계 문명이 있다는 걸 확인해도 크게 득 될 것이 없어 보입니다. 우리가 당연하다고 생각했던 무엇에 대해 다른 패러다임이 생길 수 있다는 정도일까요? 지구의 소중한 자원과 에너지를 쓸 만한 가치가 있을까요?" 이건 세티 무용론이네요.

현― 세티라고 하는 게, 세티 과학자들이 있어요. 세티 연구소도 있고 SETI@Home이라는 분산 컴퓨팅으로 개인용 PC에서 돌아가게 하고 있는데, 그런 팀들도 있어요. 그 팀들에는 과학자도 있고, 소프트웨어 엔지니어들이 있고, 여러 사람들이 같이 팀을 이뤄 하고 있는데, 전부 뭐라 그럴까요? 동상이몽이에요. 과학자들은 겉으로는 보고서 쓸 때는 사회·문화적인 임팩트 이야기를 하지만, 결국은 궁금한 거고 호기심이지요. 호기심으로 하는 것이고, 소프트웨어 엔지니어들은 외계인이 있건 말건 상관 안해요. 관심도 없어요.

그 친구들은 어떤 관심이 있냐면, 아까 인공적인 전파를 잡으려면 굉장히 멀리 있는 인공적인 것을 분리해내려면 굉장히 민감한 어떤 알고리즘이 필요하죠. 섞여 있는 걸 제거해내야 어떤 신호가 인공적이라고 판단할 수 있으니까요. 이건 단순히 어떤 프로그램 문제만도 아니고, 외계인들이 어떻게 보냈을까 하는 인지과학적인 것도 들어가야 되고, 굉장히 많고 복잡한 것들이 들어가는 고차원적인 소프트웨어를 만들어내야 하는 일인데, 어떤 친구들은 그런 데 관심을 갖고 재미를 느끼곤 해요. 그게 외계인이든 인간이든 뭐든지 상관없이 자기가 만들어놓은 프로그램을 테스트해보고 싶은 거죠.

그다음에 주로 세티에서 망원경과 함께 사용하는 수신기라든가 분광기 같은 게 있는데, 그게 전 세계에서 최강의 분광기와 수신기를 사용을 해요. 왜냐하면 그 스폰서들이 인텔, 휴렛팩커드, 마이크로소프트, 이런 회사의 회장들이 회사 돈이 아닌 자기

알고리즘 알고리즘algorithm은 문제를 해결하기 위해 정한 일련의 절차를 말한다. 이는 컴퓨터 프로그램을 작성하는 기초가 되며, 컴퓨터를 동작시키기 위해서는 어떻게 입력하고, 입력된 정보를 어떻게 처리하며, 얻어진 데이터를 어떠한 형태로 출력하고 표시하는가 하는 것이다.

돈으로 기부를 하죠. 그 이유는 그게 세계에서 가장 민감한 수신 장치인데, 민감하다는 것은 불안정하다는 것이어서, 군용으로 쓰거나 과학적인 데이터를 얻거나 또는 상업용으로 쓰기에는 아직 안정되지 않았지만, 가장 최첨단의 기술을 구현한 게 세티의 장비들이거든요. 그걸 통해서 이 사람들은 자기네 것을 테스트해보는 거예요. 그러니까 다 동상이몽이죠.

외계인이라고 하는 어떤 타깃을 놓고 생각하는 게 다 다른 거죠. 그래서 외계 지적 생명체를 찾는 작업이라고 하는 게 찾는 자체로 보면 굉장히 좁고 무용지물인 작업이지만, 그게 결국은 인간이라고 하는 우리의 문명이 미래에 대한 투자, 꿈꾸는 미래, 미래에 대한 어떤 시도를 해보는, 이런 것들이 융합되어 있는 그런 것이 되겠죠. 뭐 그런 데서 의미를 찾을 수 있겠죠.

원 — 결국은 세티가 가진 기술집약적인 특성이 굉장히 많은 분야에서 사실 기술의 최전선에 있다는 얘기군요.

현 — 세티 과학에서 사용하던 분광기가 이제 군용으로 넘어가고,

분광기 분광기分光器는 빛의 스펙트럼을 구분하는 기구이다. 빛 가운데에는 전자기파도 포함되어 있기 때문에 여러 혼합된 전자기파를 분리할 때에도 이 분광기를 이용해야 한다. 분광기는 파장과 세기를 측정할 때 사용한다. 감마선, 엑스선에서 시작해서 각종 전파와 원적외선까지의 넓은 파장에서 작동되는 기구이다.

그다음에 과학용으로 넘어가고, 민간으로 넘어가고, 보통 이런 절차를 거치죠.

원— 말이 나와서 얘기겠지만, 원래 세티가 정부 지원을 받다가 중단됐잖아요.

현— 원래 미국 나사에서 외계 지적 생명체를 탐사하는 그 프로젝트를 시작했었는데, 이제는 상원에서 전액 삭감됐어요. 이런 명청한 짓을 하다니 하고.

원— 질문하신 분하고 같은 맥락이네요.

현— 그것도 1년 동안 성과를 보고, 성과가 없다고 잘라버린 거예요. 지금 탐구하고 있는 시간과 공간이라는 게 굉장히 넓은 공간과 긴 시간을 이야기하는 건데, 1년 동안 성과가 없다고 위에서 싹둑 삭감한 거예요. 그래서 아까 말씀드린 그런 분들이 주축이 돼가지고 민간 펀드로 세티의 작업이 시작이 됐는데, 최근에는 이제 세티뿐 아니라 화성에서 미생물이라도 생명체가 존재할 가능성이 높아지니까, 과학 분야에서 우주 생물학이라는 분야가 한 10여 년 전부터 굉장히 각광을 받으면서, 거의 가장 많은 정부의 지원을 받고 있어요. 그러다 보니 그 여파로 세티 쪽으로도 이제 정부 돈이 간접적으로 들어오기 시작해요. 미국 해군을 통해서 들어온다든가. 그래서 해군의 자금이 굉장히 많이 들어와 있어요. 고전적인 세티 과학자들은 군자금이 들어오니까 오히려 굉장히 거부감을 갖고 있죠. 세티가 하는 일은 굉장히 평화적이고 가치중립적인 일인데, 목적이 다른 군대의 돈이 들어오니까 논란이 되는 시대까지 되었죠.

원─ 사실은 질문하신 분이 나름대로 논지도 있는 것이, 선생님은 천문학자시니까 우호적으로 바라보지만, 예를 들어서 심해 탐사 같은 경우도 굉장히 안 되어 있는 분야거든요. 심해 탐사 같은 경우에는 우리가 실제로 자원을 끌어다 쓸 수 있는 부분도 있어 그런 분야를 먼저 하고, 외계 문명 탐사는 천천히 해도 된다는 주장도 있어요. 그분들은 나름대로 논리가 있죠.

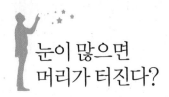

눈이 많으면
머리가 터진다?

원― 다음 질문입니다. "지적 생명체가 눈이 2~3개밖에 안 된다고 하셨는데, 지구에는 거미같이 홑눈과 겹눈 합쳐서 8개 정도인 생명체가 있습니다. 물론 거미는 생활하면서 뇌가 터지지는 않죠. 외계 지적 생명체가 거미 같은 생명체에서 시작했다면 정말 뇌가 터질까요?" 이 질문은 어떻습니까?

현― 뇌가 터지기 전에 멸종했겠죠. 일단 곤충 같은 경우에는, 망원경 예를 들어 설명하자면, 우리는 큰 안테나를 하나 가지고 있는 셈이고요, 곤충들은 여러 개의 눈들이 모여가지고 작은 망원경이 모여서 하나로 되어 있는 것인데, 이 두 가지 눈의 특성이 달라요. 예를 들어서 파리나 모기나 잠자리 같은 경우에는 굉장히 시야가 넓어요. 파리나 모기들 보면 그렇잖아요. 파리나 모기는 움직임을 예측을 하지 않으면 잡기 힘들어요. 우리가 움직이면 벌써 파리나 모기는 다 계산을 해가지고 도망가거든요. 곤충들은 눈이 넓은 시야를 보지만, 그 대신 분해력이 떨어져요. 이런 눈은 자세히 볼 수 없어요. 그냥 대충 보고 위치를 파악하고 도망가는 거예요. 그런데 우리도 굉장히 넓게 모든 걸 기억하는 것이 아니라 굉장히 좁고, 해상도 높게 기억을 해요. 그렇게 다르게 발전하는 건데. 이렇게 해상도 높게 깊이 관찰을 해야 사고를 이끌어내고, 어떤 추상이라는 것이 생기고, 그러면서 문명이라는 걸 건설할 수 있는 동기가 생기거든요. 잠자리가 그 눈 구조를 하고, 그 정도 크기에서 우리 같은 문명체로 진화할 수 있을까 하는 데에는 굉장히 회의적이죠.

원— 예를 들어서 도구를 만드는 행위라든가 문자를 쓰고 있는 행위는 불가능할 거라는 거죠?

현— 그렇죠. 물론 생물학적인 신체구조이기도 하지만, 근본적으로 곤충들이 적응해가는 방식이 그런 식이라는 거죠. 우리는 깊이 있게 보고, 추상을 하고, 그것을 통해서 다시 무언가를 하는 방식으로 진화를 해왔기 때문에 앞으로도 계속 뻗어나갈 가능성이 있지만, 잠자리는 그렇지 못하죠. 곤충들은 그걸로 충분히 행복하죠. 행복하기 때문에 우리처럼 진화하는 거랑은 전혀 다른 길을 걸어가고 있는 거죠.

원— 아마 그런 구조로는 지적 생명체로 진화하기는 어려웠을 것이라는 결론이네요.

물이 있는 행성에
생명이 있다

원─ 네, 다음 질문입니다. "생명 탄생에 물이 중요한 것으로 압니다. 토성의 위성 중 물이 있는 것이 있다는데 거기에 단세포 생명이 있을 수 있을까요?"

현─ 지금 질문의 물이 있는 토성 위성 이름이 엔셀라두스Enceladus 예요. 2005년 말 무렵에 이 조그만 위성에서 물이 뿜어져 나오는 게 발견이 됐어요. 물이 뿜어져 나오는 것이 마치 지구의 간헐천 같은 건데요, 속에 따뜻한 물이 있다가 지각을 뚫고 물이 막 솟구치는 거죠. 미국에 옐로스톤 같은 데 있는 그런 게 발견이 됐어요. 그런데 지구의 사례에 비추어 단순화시켜서 물이 어떤 생명체가 존재할 수 있는 어떤 조건이라고 하면, 또 다른 건 에너지가 있어야 되겠죠. 태양 에너지나 지열 같은 에너지가 있어야 되고, 생명체를 만들 수 있는 재료가 되는 유기화합물이 있어야 되고,

생명체들이 번성하기 위한 액체 상태 물이 있어야 되는데, 엔셀라두스는 아주 추운 곳이니까 나오자마자 얼음 알갱이로 얼어버리겠죠. 하지만 물이 솟아나오니까 거기에는 유기화합물들이 있고, 지열도 있으니까 조건이 갖춰진 거죠. 더군다나 액체 상태의 물이 지구 이외의 행성 표면에서 발견된 건 그게 처음이거든요. 그러니까 미생물이나 박테리아 같은 것들이 존재할 개연성이 굉장히 높다고 보는 거죠.

원— 이런 부분은 지구보다 훨씬 멀리 떨어져 있지만, 지열이나 또는 다른 이유로 생명체가 존재할 가능성이 그래도 있다는 거겠죠.

현— 그렇죠. 태양으로부터 지구보다 훨씬 멀리 떨어져 있으니까 토성이나 목성의 위성은 얼마나 춥겠어요? 그래서 보통 얼음 성분으로 덮여 있죠. 토성이나 목성은 지구보다 엄청 크잖아요. 그

엔셀라두스 엔셀라두스Enceladus는 1789년 윌리엄 허셜이 발견한 토성의 위성 중 6번째로 큰 위성이다. 보이저 호가 측정한 엔셀라두스의 지름은 약 500킬로미터이고 표면이 태양의 빛을 거의 다 반사하기 때문에 매우 밝게 보인다. 보이저 1호는 엔셀라두스가 토성의 E 고리 영역 가운데 가장 밀도 높은 지역을 돌고 있음을 발견했으며, 보이저 2호는 엔셀라두스 표면에 오래된 충돌구 투성이 지역부터 지각 변동으로 뒤틀린 지형이 공존한다는 사실을 밝혔다. 2005년 카시니 호는 이 위성의 남반구 극 지대에서 물이 뿜어져 나오는 것을 발견했다. 가스 행성에 가까이 있는 천체는 조석潮汐에 의한 열이 발생, 내부 활동의 원동력이 된다고 여기고 있다. 2014년 4월에는 과학자들이 이 위성의 얼음 표면 아래에 액체 상태의 물로 구성된 바다가 존재한다는 사실을 확인했다.

리고 그 주위에 있는 위성들은 토성이나 목성 주위를 돌 거 아니에요. 그런데 달은 지름이 지구의 한 4분의 1 정도 돼요. 그러니까 지구에 있는 달은 위성치고는 자신이 돌고 있는 행성에 비해서 제법 큰 거죠. 그런데 목성이나 토성에 달라붙어 있는 위성들은 달보다 큰 것들이 거의 없으니까, 대부분 자기가 속해 있는 그 시스템에서 엄청나게 큰 행성의 주위를 돌고 있는 거죠. 엄청나게 큰 행성의 주위를 돌다 보면 어떤 일이 생기느냐 하면, 지구나 달 사이에 밀물과 썰물을 만드는 조석력처럼 그런 힘을 무척 강하게 받아서 위성이 한 바퀴 돌 때마다 위성 내부가 출렁출렁하는 거예요. 그러면서 지열이 발생하게 되죠.

원― 우리가 밀물과 썰물 하듯이 그런 힘이 있다는 거군요.

현― 위성 내부의 맨틀 같은 것이 움직이면서 열을 발생시키는 겁니다.

원― 속에 있는 물질들 뒤섞어버리면서 마찰에 의해서 열이 발생을 하는 거죠.

원― 네. 그럼 다음 질문입니다. "힉스 입자Higgs boson에 대한 연구가 진행되면, 힉스 입자를 이용하여 외계와 교신할 수 있는 방법이 있을 거라고 생각하시나요?"

현― 힉스 입자는 지금 이야기하는 전파하고는 전혀 관계가 없는 것이고요, 이렇게 하면 얘기가 또 어려워지기는 합니다. 그냥 단순하게 생각해보죠. 우리는 물질이잖아요. 그러면 질량이 있어요. 모든 물질에는 질량이 있는데, 그러면 왜 질량이라고 하는 속성이 있을까 하고 물으면, 질문은 아주 쉽지만 대답은 엄청나게 어렵습니다. 물리학자들이 모델을 만들었는데, 질량을 부여해주는 어떤 작동을 하는 무엇인가가 있을 것이라고 예측을 하고, 그것을 힉스 입자라는 이름으로 부르는데, 그것을 힉스라는 사람이 제안을 해서 붙인 것이기 때문에 그렇죠. 그걸 발견했다는 얘기는 어떤 물질의 질량이라고 하는 속성을 부여하는 메커니즘을 우리가 알게 되었다 하는 이야기고요. 그것과 통신은 아무 상관이 없다는 이야기지요.

원— 그냥 안 된다고 기억하시면 됩니다.

힉스 입자 1964년 피터 힉스Peter Higgs는 입자에 질량이 부여되는 과정에 대한 가설인 힉스 메커니즘을 발표하면서, 이 입자를 힉스 입자Higgs boson라 부르게 되었다. 힉스의 가설은 아직 발견되지 않은 양자가 힉스 장 안에서 자극을 받아, 쿼크나 전자와 같은 다른 기본 입자에 질량을 부여한다는 이론이다. 힉스 입자 이론은 입자물리학 핵심 이론의 기반이 되었다. 2012년 7월에 유럽입자물리연구소CERN의 대형 강입자 충돌기로 실시된 연구에서 힉스 입자와 유사한 입자를 발견했다고 발표했으며, 2013년 3월에는 이 연구소에서 힉스 입자의 발견을 공식으로 밝혔다.

외계인이
침략한다면

원 ─ 다음은 E. T.를 아주 예쁘게 그리고 질문했습니다. "우주 외계 생명체가 있는 경우 SF 소설이나 영화의 예처럼 공격과 침략의 가능성에 대해 과학자들이 이야기한 적이 있나요?"

현 ─ 과학자들의 성향을 몇 퍼센트라고 정확하게 알 수는 없지만, 세티 학회 같은 거 할 때 밥 먹으면서 '손들기'를 하거든요? 이렇게 여론조사를 하면 과학자들은 거의 99.9퍼센트가 낙관적으로 생각을 해요. 외계인이 발견되어도 일단 멀리 있기 때문에, 흔적을 발견했다 해도 먼 곳의 것이니까, 외계인들이 공격하려면 시간이 걸리잖아요. 이미 공격해왔을 때는 우리는 이미 죽고 없을 테니까 후손들의 문제고 하니, 그것까지 걱정할 필요는 없죠. 우리는 경고만 적당하게 해주면 되는 거고, 그다음에 얘들이 쳐들어오는 데도 한참 걸릴 테고, 침공도 하지 못하고 흔적도 없

• 외계인은 평화주의자일까 침략자일까? •

이 애들도 사라졌을 수도 있고요.

그리고 여기까지 기어코 찾아오는 외계 문명체라면 일단 오랫동안 생존했을 거 아니에요? 그렇게 오랫동안 생존했다고 하는 얘기는 어쨌거나 여러 위기를 극복을 했을 것이고, 싸움만 해서는 오래 생존하기 힘드니까 평화로운 종족일 테고, 그럼 왔으면 평화로운 탐사를 하지 않겠는가 이런 기대를 갖고 있고요. 일부는 굉장히 위협을 느끼는 파가 있어요. 영국의 마틴 라일Martin Ryle 이라고 하는 천체물리학자이자 전파천문학자가 있는데, 그를 중심으로 한 프랑스 사람들은 학회 때마다 나와서 전파를 보내지도 말고 수신도 하지 말자고 주장하며, 그렇게 들키면 우리 끝장이라고 하는 그룹이 형성되어 있어요.

라일이란 학자는 진지한 과학자고 노벨 물리학상을 수상한 사람이에요. 전파천문학에서 여러 가지 망원경을 묶어서 하는 '간섭계'라는 원리를 개발한 학자인데 너무 심각하게 겁을 내는 거예요. 대부분 학자들은 너무 멀리 있으니까 두려워하지 않아요. 우리 일이 아니라고 생각하는 거죠.

원─ 아까 말씀 중에는 이제 여기까지 올 정도로 발전이 됐으면 그전에 자멸하지 않았다면 사실은 평화로운 존재이기 때문에 가능할 거라는 얘기를 했잖아요. 어쨌거나 그 걱정이 많은 학자들은 나이가 많은가요?

현─ 젊은 사람들도 있어요. 그쪽 그룹은 자기네들끼리 대대로 세습하는 것 같아요.

원─ 어때요? 여기도 혹시 외계인들 침략을 걱정하는 사람이 있어요? 외계인들이 정말 쳐들어와서 우리를 노예로 삼거나, 심지어는 잡아먹거나 하는 걸 걱정하는 사람이?

마틴 라일 마틴 라일Martin Ryle은 영국의 전파천문학자로 혁신적인 전파망원경을 발명했다. 1946년 동료들과 함께, 최초로 라디오파를 이용해 우주의 간섭을 측정한 사람 중 한 명으로 기록되었다. 케임브리지대학교 전파천문학과의 첫 번째 교수였으며, 1974년에는 노벨 물리학상을 받았다.

현— 실제 진짜 위협을 느끼는 학자들이 주장하는 것 중의 하나
는, 우리가 외계의 전파 신호에 컴퓨터 바이러스처럼 우리를 파
괴하는 바이러스 같은 것들이 심어져 있을 가능성에 대한 문제를
요새 많이 제기해요. 〈콘택트〉라는 영화에서도 보면 그 전파 신
호를 받아서 분석하는데, 그건 신호 코드를 분석하는 거죠. 거기
에서 직접 온 신호들을 생각해보면 프로토콜이 맞아야 해석을 할

〈콘택트〉 〈콘택트Contact〉는 칼 세이건의 동명 소설을 원작으로 해서 1997년에
만든 SF 영화이다. 어린 시절 아버지를 잃은 소녀 앨리는 밤마다 모르는 상대
와의 교신을 기다리며 단파 방송에 귀를 기울인다. 천체물리학자가 된 앨리는
사막의 관측소에서 우주로부터 오는 단파 신호를 수신하던 어느 날, 직녀성으
로부터 정체 모를 메시지를 받는다. 그리고 계속해서 그 메시지를 수신하고 의
미를 해독하여 전 세계의 이목이 집중된다. 해독된 메시지의 내용은 은하계를
왕복할 수 있는 이동 수단의 설계도임이 밝혀진다. 이 설계도대로 성간 이동
장치가 완성되어 앨리는 직녀성에 가게 되고, 아버지의 형상을 만나 이야기를
나누기도 한다. 하지만 발사된 지 단 몇 초 만에 바다에 떨어진 장치 속에서 그
녀가 경험한 18시간의 외계 여행은 단지 그녀만의 것이 되고 만다.

프로토콜 프로토콜protocol은 정보기기 사이, 즉 컴퓨터끼리 또는 컴퓨터와 단
말기 사이 등에서 정보교환이 필요한 경우, 이를 원활하게 하기 위하여 정한
여러 가지 통신규칙과 방법에 대한 약속이다. 즉, 통신의 규약을 의미한다. 정
보통신의 상대방은 일반적으로 먼 거리에 있다. 따라서 정보를 전송하기 위해
서는 정보를 전기적인 신호의 형태로 변환하고 그 변환된 신호가 통신망을 통
해 흐르도록 하는데, 통신망에는 정상적인 신호의 흐름을 훼방하는 여러 가지
현상이 존재하게 된다. 이러한 현상은 정확한 정보의 전송을 방해하여 도중에
오류가 발생되는 원인이 된다.

수 있는데, 우리 것을 외계인들이 알아낼 수 있을까요? 우리처럼 미개한 코드를?

원— 〈인디펜던스 데이〉란 영화에도 똑같은 이야기가 있죠. 3일 동안의 이야기인데, 3일 만에 지구에서 컴퓨터 바이러스를 만들어, 그걸 외계인의 거대한 모선 컴퓨터에 심어서 컴퓨터를 다운시켜요. 그런데 외계인도 윈도우를 쓰나? 외계인 운영 체제도 모르고, 언어도 모르고, 아무것도 모르는데. 우리가 여기서 3일 만에 바이러스를 만들어서 심어서 그걸 파괴를 한다고요? 그래서 이런 식의 비현실성들이 있는 거죠.

현— 예를 들어서 첨단의 가장 최신 버전을 쓰면 바이러스에 걸리지만, 도스를 고집하고 있으면 절대 바이러스에 감염될 이유가 없잖아요. 그런 논리로 반박할 수도 있죠. 사실 스티븐 호킹이 "세티 프로젝트 하지 말자, 외계인이 쳐들어올지 모른다"라는 이야기를 했다고 언론에 나오곤 하는데, 그건 맥락이 있는 이야기예요. 이런 기회에 꼭 말하고 싶었던 사실인데, 호킹 박사는

《인디펜던스 데이》 〈인디펜던스 데이 Independence Day〉는 외계인의 침입에 맞서 싸운다는 내용의 1996년에 만들어진 SF 영화이다. 7월 2일에 전 세계의 통신 시스템이 마비되고, 외계 우주선이 지구로 접근한다. 미국 정부는 이들과 대화를 시도하지만, 세계 각국 주요 도시 상공에 다다른 외계의 비행선들은 7월 4일 대대적인 공격을 감행한다는 내용이다.

젊었을 때부터 외계 지적 생명체의 존재 가능성에 대해서 굉장히 긍정적으로 생각하던 사람이고요, 그런 관심 때문에 외계 문명에 관한 책도 썼어요. 그런데 호킹 박사의 이야기를 거두절미하고 그렇게 세티에 반대했다고 하는 건 옳지 못해요. 호킹 박사가 그 이야기를 한 맥락은 그게 아닙니다.

호킹 박사의 생각은 우리 이런 생물학적인 몸뚱이를 갖고 있는 인간이란 종은 얼마나 존속할 수 있을까 하는 문제에 대해 회의를 가졌어요. 그래서 아까 이야기했던 드레이크 방정식에서 그 'Longevity'라고 하는 문명의 존속 시간에 대해서 굉장히 회의적이에요. 그래서 조만간 우리는 기계, 로봇, 사이보그, 이런 것들한테 우리 종의 아이덴티티를 뺏길 것이라고 생각한 거예요. 그렇다면 우리가 선수를 치자는 거죠. 우리가 자발적으로, 스스로 먼저 기계인간이 되자는 거죠. 그러기에는 시간이 좀 걸리잖아요? 그 시간 동안에는 재수 없게 외계인들이 쳐들어와서 우리를

스티븐 호킹 스티븐 호킹Stephen Hawking은 영국을 대표하는 이론물리학자로 2009년까지 케임브리지대학교의 루커스 석좌교수로 재직했다. 그는 블랙홀이 있는 상황에서의 우주론과 양자중력 연구에 크게 기여했으며, 자신의 이론 및 일반적인 우주론을 다룬 여러 대중 과학서를 저술했다. 그중 『시간의 역사A Brief History of Time』가 가장 유명하다. 중요한 과학적 업적으로는 일반상대론적 특이점에 대한 여러 정리를 증명한 것과 함께, 블랙홀이 열복사를 방출한다는 사실을 밝혀낸 것이다.

• 대표적인 이론물리학자 스티븐 호킹 박사 •

멸종시키면 안 되니까, 그 기간만 좀 잘 참자는 맥락에서 그런 이
야기를 한 거예요.

원— 걱정의 수위가 정말 구체적이지 않아요? 이런 얘기들은 나
오면 참 재밌잖아요. 나중에 아마 여기도 이 자리에서 가능하다
면 로봇 공학자나 그쪽의 얘기들을 들을 수도 있겠죠. 여기저기
이런저런 대학들에서 실제로 그런 연구를 많이 하고 있고, 급진
적인 과학자들은 몇십 년 안에 인간보다 훨씬 발달한 로봇이 출
현하고, 로봇에게 우리의 지위를 물려주어야 할 것이라고 주장
을 하는 분들이 있어요.

현 ─ 주로 2049년, 2050년을 그때로 봐요. 대부분의 미래의 기술 예측을 하는 미래학자들이 추측하는 것이 그때죠. 얼마 안 남았잖아요? 그렇죠?

원 ─ 그러네요. 그런데 그럴 경우에 지금 기계인간들이 생명이라서 살아간다는 얘기지, 우리들이 기계가 되어서 영원히 살아간다는 건 아니잖아요?

현 ─ 그렇죠. 대체로 그렇게 나아가다 보면 어느 순간에 내가 기계인가 사람인가 하는 지경까지 될 수 있다는 거죠.

원 ─ 이런 이야기를 아마 나중에 한 번 할 기회가 있을 거예요. 어디까지가 인간이고 어디까지가 기계고 하는 문제가 사실 굉장히 재미있는 주제죠. 우리가 실제 혼선이 시작되는 시점에 점점 다가가고 있거든요.

또 다른
우주

원─ 다음 질문입니다. "빅뱅 이후 3분간을 설명하는 이론이 여러 가지라는 프로그램을 보았습니다. 이런 이론 가운데 차원이 다른 우주로 존재한다는 것도 있던데, 이렇게 살아가는 우주 자체가 다른 경우에는 전파를 잡는 것으로는 찾을 수 없지 않을까 싶은데요, 저는 같은 우주에 E. T.가 있을 거라고 믿었는데, 요즘은 우주가 여러 개일 수도 있지 않나 싶은 생각이 들어서 혼란스럽습니다."

질문의 요지는 우주가 다른 차원으로 처음부터 분할을 했다면 서로 간에 교통이 되지 않을 것이라는 얘기인 것 같은데요?

현─ 그러니까 그 이야기는 '다중우주'라고 얘기하거나 'Multiverse'라고 얘기하거나, 뭐 그런 이름으로 '평행우주'라고 말하는 개념인데요. 그 평행우주, 다중우주도 족보가 있어요. 한 세 가지 정도의 족보가 있는데, 그것까지 지금 말씀드릴 필요는 없을 것 같고. 어쨌든 우리가 살고 있는 걸 'Universe'라고 그러잖아요? 우리는 이것이 유일한 우주라고 생각하는데, 태어날 때부터 그런 게 아니라 우리와 엇비슷한 사촌들이 여러 개가 생겨나 있을 수도 있거든요. 그러면 우리 우주하고 다른 우주가 있는데, 그 사이에 교통할 수 있겠느냐 하는 문제가 있겠죠. 그러니까 다른 우주가 있을 수 있다는 것에 대해서는 최근 한 10여 년 동안 과학자들이 굉장히 너그러워졌어요.

그렇지만 다중우주에 대해서 실제로 있다 하면 그걸 증명해야 되잖아요. 증명하려면 관측해서 있다는 걸 증명을 해야 하는데, 어떻게 관측해야 될지를 아직 우리는 몰라요. 몇몇 사람들은 이제 그 증명법을 제안하는데 아직은 설득력이 없고요. 아직은 다중우주란 어떤 수학적인 모델로 머물러 있는 것이고요. 서로 다른 우주가 교통할 수 있을까 하는 것에 대해서도 좀 왔다 갔다 하고 있죠. 현재는 할 수 없다고 생각하고 있고요.

다중우주와 평행우주 다중우주란 서로 다른 일이 일어나는 우주가 사람들이 알지 못하는 곳에서 동시에 진행되고 있다는 이론이다. 다중우주와 평행우주는 혼용되어 사용하기도 하나, 엄밀하게 구분하자면 둘은 다른 개념이다. 평행우주는 다중우주의 하위 개념으로, 다중우주에서 설명하는 수많은 막들은 우리 우주가 나아갈 수 있는 또 다른 경우의 수를 제시하고 있다는 이론이다.

원─ 다음 질문입니다. "만약 지구와 같은 환경의 행성이 우리가 갈 수 있는 위치에서 발견됐을 때, 그리고 그 행성의 모든 환경이 현재 지구에서 사는 인간들에게 이로울 때, 또한 그 행성에 사는 생명체들이 과학, 경제, 군사 등의 부분도 포함해서 인간들보다 열등하다면 우리 인간들은 어떻게 대응할까? 지금의 우주 탐사가 과연 콜럼버스가 아메리카 대륙을 발견했다고 말하던 것과 차이가 있을까?"

결국은 우주 탐사, 나아가서 어쩌면 가능할지도 모를 우주 행성들에 대한 어떤 식민화, 정복의 윤리적인 문제에 대해서 이야기하고 있네요. 〈아바타〉 같은 영화에서 나왔던 그런 얘기인 것 같거든요.

현─ 지금 지구와 엇비슷한 환경을 갖고 있는 행성인데, 지구보다 크기는 좀 작은 것, 조금 큰 것 중에서 표면에 물이 있을 수 있는 행성 후보들이 있거든요. 그런 것 가운데 가장 가까운 게 20광년 정도 떨어진 것인데, 글리스 581c라고 하는 행성이 있어요. 그 거리가 20광년이라고 하면 우리가 지금 얘기한 것들 가운데서는 굉장히 가깝게 느껴지는 거죠.

원─ 지금 우주선으로는 가는 데 20만 년쯤 걸리는 거린가요?

현─ 그러겠죠. 아까 4.3광년에 가는 게 한 5만년에서 7만년이니까. 그러니까 그 정도면 가는 데 2, 30만년 걸리는 거죠. 그리고 아까 4.3광년 거리에 있다는 그 별 주변에서도 행성이 발견됐어요. 그 행성은 지구와 유사한 것은 아니지만요. 어쨌든 그 정도면 그래도 가까운 편이죠. 최근에 들어서 '항성 간 여행'이라는 문제에 대해서 연구를 하기 시작했어요. 언뜻 봐도 굉장히 힘든 일이죠. 그래서 실제로 날아가고 있는 우주선들이 <u>보이저 1호, 보이저 2호, 파이어니어 10호, 파이어니어 11호</u>가 있는데, 이 우주선들이 1972년, 1973년, 그다음에 1977년 즈음에 발사된 것들이거든요. 지금은 이 우주선들이 각기 다른 방향으로 태양계 끝부분을 나가고 있어요. 이렇게 우주선들이 태양계 밖으로 뻗어나가는 것을 시험을 했고, 지금은 무인이니까 그런 식으로 보낼 수는 있는데, 사람을 태우고 가는 것은 아직도 요원한 문제죠. 지금은 화성까지 가는 것도 힘드니까.

원— 이거는 제 생각에는 지금 이 상태에서 우리가 어디를 정복하기는 좀 힘들 것 같은데요. 혹시 그쪽에서 오면 몰라도….

현— 그래서 실제로 의도적으로 가기는 힘들지 않겠나, 그리고

글리스 581c 글리스 581c는 유럽 남부천문대ESO 연구팀이 칠레 아타카마사막 라실라 천문대에서 발견한 것으로, 지구에서 20.5광년 떨어진 천칭자리 근처에 있는 지구 지름의 1.5배, 무게는 지구의 5배 정도 되는 행성이다. 이 연구팀은 컴퓨터 모델 실험을 통해 이 행성이 바위로 이루어져 있거나 온통 바다로 덮여 있을 것이며, 평균 기온은 섭씨 0~40도 정도이며, 생명 탄생에 필수적인 액체 상태의 물도 존재할 것이라고 추정했다. 그러나 이 행성은 자전을 하지 않아 반쪽은 항상 낮이고 반쪽은 항상 밤일 것이라고 추정했다.

만약 외계인이 온다면 어떻게 올까 하는 문제를 생각했어요. 제가 SF 평론가와 작가들과 그런 얘기를 많이 하는데, 만약에 지구에 실제 외계인들이 착륙을 했다면 어떤 모습일까 하고요. 제가

보이저 호와 파이어니어 호   보이저Voyager 1호는 현재까지 작동하고 있는 나사의 태양계 무인 탐사선으로 1977년에 발사됐다. 1979년 3월 5일에 목성을, 그리고 1980년 11월 12일에 토성을 지나가면서 이 행성들과 그 위성들에 관한 많은 자료와 사진을 전송했다. 1989년 본래 임무를 마친 뒤에는 새로이 보이저 성간 임무Voyager Interstellar Mission를 수행하고 있다.

보이저 2호는 1977년 8월 20일에 발사됐다. 1979년 7월 9일에 목성, 1981년 8월 26일에 토성, 1986년 1월 24일에 천왕성, 1989년 2월에 해왕성을 지나가면서 이들 행성과 위성에 관한 많은 자료와 사진을 전송했다.

파이어니어Pioneer 10호는 1972년 3월 3일에 발사되어 최초로 소행성대를 탐사하고 목성을 관찰한 우주선이다. 1973년 12월 3일 목성에 접근하여 사진을 전송했다. 1983년 6월 13일 해왕성의 궤도를 통과했다. 2003년 1월 23일 마지막 교신을 끝으로 파이어니어 10호는 통신이 두절되었다.

파이어니어 11호는 목성을 두 번째로 탐사하고, 토성과 토성의 고리를 처음으로 탐사한 우주선이다. 1973년 4월 6일 발사되어, 1974년 12월 4일 목성의 구름에서 3만 4,000킬로미터 떨어진 거리를 통과했고, 1979년 9월 1일 토성의 구름에서 2만 1,000킬로미터 거리를 통과했다. 1974년 12월 1일에 목성 구름 위를 지나가면서 500여 장의 목성과 위성들의 사진을 전송했다. 또한 목성의 자기장에 대한 정보, 태양풍과 목성 자기장의 상호작용에 관한 정보를 수집하여 전송했다. 목성 탐사를 끝낸 파이어니어 11호는 1979년 9월 1일에 토성의 고리를 3,500킬로미터까지 접근하여 통과했으며, 토성 탐사를 끝낸 뒤에도 계속 항해하고 있다.

파이어니어 10호와 11호에는 인류가 외계의 지성체에게 보내는 메시지가 담긴 금속판이 함께 실려 있다.

생각하기에는 〈디스트릭트 9〉이란 영화에 나오는 지질한 외계인들처럼 잘못 추락해서 지구인들한테 잡혀서 보호구역에 갇혀 살면서, 무기 밀거래나 하면서 근근이 살아가는, 그런 식이 되지 않을까 생각해요. 그 정도면 우리 문명권도 비슷해서 대강 준비해가지고 우주여행을 떠나요. 가다가 어디 추락을 했는데 대책이 없는 거죠. 거기 있는 외계인들보다 우리가 월등한 것도 아니니까, 우리도 무기 밀거래나 해서 햄버거 좀 얻어먹고, 그러고 근근이 살아가는 게 아닐까 하고 상상하기도 해요. 다른 외계인들의 모습도 그게 현실적이지 않을까 싶네요.

원 — 이게 반대 관점에서 보자면 우리나라에는 잘 알려지지 않은 〈스타트렉〉이라는 미국의 TV 시리즈이자 영화인 프로그램이 있

〈디스트릭트 9〉 〈디스트릭트 9District 9〉은 남아공 상공에 불시착한 외계인들이 요하네스버그 인근 지역 외계인 수용구역 '디스트릭트 9'에 임시 수용된 채 28년 동안 인간의 통제를 받게 된다는 내용의 2009년에 상영된 SF 영화이다.

〈스타트렉〉 〈스타트렉Star Trek〉은 미국에서 1966년 텔레비전 시리즈가 처음 제작된 이래, 수많은 텔레비전 드라마와 영화, 수십 개의 컴퓨터 및 비디오 게임, 수백 편의 소설 등으로 만들어진 SF이다. 오리지널 텔레비전 시리즈만으로도 현대의 거대한 컬트 현상으로 부를 수 있으며, 대중문화에서 수많은 작품들에 영향을 주었다. 여기에는 가상의 우주에서는 지구의 인간 외에 벌칸, 클링온, 로뮬란 등의 다양한 외계인들이 등장한다. 이 시리즈의 에피소드는 주로 인간관계와 모험, 정치적, 윤리적 문제에 대한 소재를 중심으로 하며, 가상의 다양한 문화와 기술이 소개되었다.

· 미지의 별과 생명체를 찾는 모험을 그린 〈스타트렉〉 ·

는데, 이 프로그램은 드라마와 영화를 다 합치면 정말 엄청나게 큰 규모죠. 그런데 이 프로그램에서는 한 23세기 정도의 지구를 그리고 있거든요. 지구와 지구 주변 행성들이 무대인데, 이미 광속을 넘어선 기술을 다 구현해서 은하계를 막 돌아다니고 있죠.

그런데 여기서는 우주여행의 경험들 속에서 원칙이 있어요. 우리보다 기술적으로나 힘에서 더 못한 행성에 도착을 했을 때는 좋은 의도라도 자기 자신을 드러내면 안 돼요. 왜냐하면 본의 아니게 그들 외계인들에게 영향을 주고 의존하게 만들기 때문이죠. 그러니까 단지 나쁜 영향뿐만 아니라, 좋은 또는 도와주려는 의도조차도 사실은 결과적으로 나쁜 결과를 초래할 수 있다는 그런 위험성이 사실은 있죠. 그런데 이 〈스타트렉〉의 세계는 굉장히 욕심이 없는 사회고, 돈도 없는 사회주의적 사회죠. 만일 지금 우리같이 계속 신자유주의 체제로 나가게 되면, 우리가 〈아바타〉에서 본 것처럼 가서 압제를 하고, 물자를 뺏어서 팔아먹으려 하고, 그런 방향으로 갈 수도 있겠죠. 사실 현실적으로 지금 모습은 우리가 그렇게 갈 위험성도 있지 않나 하는 걱정이 들기는 합니다.

우주선의 연료는
어떻게 조달할까

원 ─ 다음 질문입니다. "행성의 기준은 뭔가요? 왜 명왕성을 행성이 아니라고 판단했는지 궁금해서요. 그리고 명왕성 주변 탐사선이 엄청 오래 날아가고 있다는데 그 우주선 연료는 어떻게 조달하나요?"

현 ─ 사실 무척 웃기는 이야기지만, 행성이라는 용어에는 정의가 없었어요. 왜냐하면 그냥 행성이라고 불렀던 것이지, 무슨 과학적인 정의를 내린 건 아니었거든요. 그러다가 2006년에 명왕성을 퇴출시키면서 처음으로 행성이란 용어의 정의를 만들었어요. 전에는 일단 태양계 안에 있으면서 눈에 보이는 것이면 행성이라고 불렀거든요. 그렇게 해도 토성, 그리고 천왕성, 해왕성까지 발견할 때에는 문제가 전혀 없었어요. 그런데 명왕성이 발견됐을 때 문제가 생기기 시작했어요. 보통 안쪽에 있는 것들은 돌덩

어리처럼 딱딱하고 바깥쪽에는 기체처럼 되어 있고, 안쪽의 것은 작고 바깥쪽의 것은 큰데, 다른 행성과는 다르게 명왕성은 아까 말한 것처럼 바깥에 있으면서 작았고, 그런 것들이 문제가 되었죠.

그다음에 대부분의 행성들은 타원궤도라고 하지만, 거의 원형 궤도를 돌아요. 그런데 명왕성은 굉장히 찌그러진 타원궤도를 돌고 있는 거예요. 심지어는 해왕성의 궤도를 침범하기까지 해요. 그래서 1977년부터 한 20년 동안은 명왕성이 8번째 행성인 적이 있어요. 명왕성이 해왕성 궤도 안쪽으로 들어와 있었던 거죠. 그러니까 무척 이상한 행성이죠. 더군다나 대부분의 행성들은 한 평면에 도는데 명왕성은 경사각을 이루면서 돌기도 하고요. 그리고 위성도 가지고 있는데도 무게 중심이 바깥에 있으니까 다른 행성들과는 굉장히 다른 성질을 갖고 있었죠.

그래서 그런 점들에 착안을 해서 좀 행성이라면 둥근 형태라야 역학적으로 평형 상태를 이루어 안정된 상태에 있기 때문에 둥그런 모습이어야 하고, 주변에 있는 다른 천체로부터 어떤 확고한 지위를 가져야 되고 하는 몇 가지의 기준을 2006년에야 만들었어요. 그런 것을 행성이라고 정의하자고 했죠. 그런데 명왕성은 두 가지를 만족시키는데, 지배적인 성질이란 것은 만족시키지 못하고, 그래서 '왜소행성'이라는 다른 분류로 떨어지게 됐죠. 명왕성이 행성의 정의에서 여러 가지 역할을 했고, 그 때문에 또 기여를 하기도 한 셈이죠.

원─ 또 태양계 끝으로 날아가고 있는 탐사선의 연료를 말씀해주셔야 합니다.

현─ 제가 알기로는 그 안에 플루토늄 연료를 사용해서, 곧 핵연료를 사용해서 가고 있는 것으로 알고 있습니다.

원─ 태양광은 너무 멀어서 쓰기가 힘들어지나요?

현─ 그렇죠. 우리에게는 태양이 이렇게 손톱만 하게 보이고 빛도 강하지만 점점 멀어질수록 아주 작고 빛도 미약하겠죠. 태양광을 이용한 배터리로 가면, 일단 화성쯤만 가도 태양이 아주 작아져서 그 에너지양도 너무 작기 때문에 태양광 패널로 전기를 만들 수 있는 그런 효율성도 낮을 수밖에 없죠. 그래서 보통 플루토늄 같은 그런 원자로를 많이 사용하죠.

원─ 참고로 이 연료가 떨어지면 지구로 송신을 할 수는 없겠지만, 그래서 우리도 수신도 못해서 아무런 정보도 못 얻겠죠. 하지만 우주선이 서지는 않습니다. 왜냐하면 우주공간에서는 대체

왜소행성 왜소행성dwarf planet은 왜행성이라고 부르기도 한다. 태양을 도는 궤도를 가진 천체로, 구형에 가까운 모양을 유지하기 위한 중력을 유지할 수 있을 만한 질량을 가지고 있다. 궤도 주변의 다른 천체를 배제하지는 못하며, 다른 행성의 위성이 아닌 행성을 지칭하는 용어이다. 이 용어는 국제천문연맹에서 2006년에 정의했다.

• 우주를 향해 영원히 날아가는 보이저 호 •

로 관성이 거의 무한대예요. 진짜 큰 행성이나 항성의 중력권에 끼어들지 않는다면…. 그런데 그렇게 중력권으로 갈 가능성이 굉장히 작죠. 왜냐하면 우주가 원체 비어 있는 곳이 많다 보니 이론적으로는 무한히 계속해서 같은 속도로 날아가게 되겠죠?

현 ― 네, 아까 보이저 호나 파이어니어 호도 태양계 밖에 나가서, 관성으로 계속 가고 있는 중이죠. 결국은 연료가 떨어져 송신도 못하게 되겠지만. 하지만 우주선은 계속해서 날아가도록 설계가 되어 있는 거죠. 지금 보이저 호는 아직까지는 지구로 송신을 하고 있거든요.

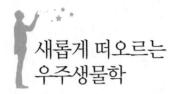

새롭게 떠오르는
우주생물학

원— 다음 질문입니다. "세티와 다른 입장, 또는 다른 방법들을 가지고 외계 생명체를 연구하는 집단이 있나요? 천문학계에서 세티가 차지하는 위상에 대해서도 알려주세요."

현— 지금은 우주생물학이라는 새로운 분야가 각광을 받고 있거든요. 그런데 우주생물학은 우주에 있는 생명의 재료가 되는 것들인 유기화합물을 찾는 작업이죠. 지상에서 전파망원경을 갖고 분자들을 또는 분자성 물질을 찾는 것부터 시작해서, 태양계에서는 화성 탐사와 같은 작업으로 미생물 찾는 작업, 지구 안에서는 남극이나 화산 분출구 등에서 극한 생명체를 찾는 작업, 이런 걸 모두 다 통틀어서 우주생물학이라고 부르거든요. 이 분야가 요즘 들어 굉장히 발달이 되고 있어요. 그런데 세티라고 하는 것은 그중에서 굉장히 작은 부분에 속해 있죠. 대부분은 요즘에 행성 탐사라든지, 지구 내에 있는 좀 척박한 환경에 있는 생명체 탐색, 이런 것들이 우주생물학의 주류를 이루고 있죠.

원— 결국 결론은 세티가 차지하는 위상은 작다고요?

현— 네, 굉장히 작은 거죠.

원— 그런데 사실은 외계 생명체, 외계 문명을 찾는다는 관점에서 보면 그게 오히려 좋은 거잖아요. 여러 가지 다른 방법들이 계속 시도되고 있다는 말이니까요.

현— 어떤 미생물이 발견된다고 하면, 아까 드레이크 방정식 중에서 일단 어떤 것에 대해서 우리가 얘기를 할 수 있는 것이 하나인 것과 둘인 것은 천지차이잖아요? 토성에 고리가 있었는데, 옛날에는 전 우주에서 토성이 유일하게 그게 있다고 그랬었어요. 그다음에 목성에서도 고리가 발견되고, 천왕성에서도 고리가 있다고 하니까, 이제는 모든 가스로 이루어진 커다란 행성들은 고리를 가지고 있다는 말로 바뀌었죠. 이제는 오히려 가스로 된 큰 행성에 고리가 없으면 이상하다고 여길 정도가 됐어요. 패러다임의 변화라는 게 하나와 둘의 차이는 무척 커서 천양지차거든요. 어떤 작은 생명체 하나가 발견된다는 얘기는 모든 것들의 패러다임을 바꿀 수 있는 강력한 증거가 될 수 있죠.

원— 여기 계신 분들 중에 양심적으로 토성 외에 목성, 천왕성, 해왕성이 고리가 있다는 거 알고 계셨어요? 대개 모르시죠. 왜냐하면 우리만 해도 좀 어른이잖아요. 지금은 우리가 어릴 때 배운 거랑 다 다른 거예요. 우리는 고리 하면 토성만 생각하는데, 토성만큼 확연하지 않더라도 다른 행성에서도 고리가 발견이 됐어요.

현― 기체로 이루어지는 큰 행성들은 그냥 고리가 다 있는 거예요. 그래야지 여러 가지가 안정적이 되죠. 그래서 오히려 없으면 굉장히 특이한 행성이 되는 게 불과 지난 한 20년 동안 바뀐 패러다임이죠.

원― 다음 질문입니다. "물리적으로 빛보다 빠른 것은 없나요?"

현― 네, 없어요. 상대성이론이 거시적인 세계의 물리 법칙의 패러다임이고요, 양자역학이 미시적인 세계를 이야기하는 건데, 그게 우리 모든 얘기의 기반이에요. 근데 특수상대성이론에서는 빛보다 빨리 도달할 수 있는 존재가 있으면 이론이 성립되지 않거든요. 그게 전제조건에서 나오는 추론이에요. 그러니까 그게 빛의 속도보다 빠른 어떤 물체가 발견된다고 하면 상대성이론은 통째로 무너지는 거니까, 그런 물질이 발견되면 현대 물리학이 그냥 송두리째 없어져버리는 거죠. 그러니까 지금 패러다임에서는 빛보다 빠른 것은 없는 거죠.

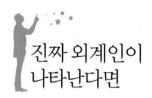

진짜 외계인이
나타난다면

원 다음도 같은 분이 한 질문인데, 굉장히 흥미롭습니다. "불면증이 우주적 현상과 관계가 있을까요? 최근 불면증이 대대적으로 발생하고 있는데요, 달과 관계가 있는지 궁금합니다. 의학계에서 뚜렷한 원인 및 해결책을 찾지 못하고 있다고 들었어요. 불면증을 치료할 수 있는 방법은 없는 걸까요?" 답변이 가능할까요?

현 네, 약을 드세요.

원 모르겠습니다. 우주적 현상 때문에 불면증이 발생하는지는 사실 잘 몰랐고요, 달과 관련이 있다면 달이 너무 밝아서 그런 걸까요? 잘 모르겠어요. 세상에 아직 우리가 모르는 게 너무 많으니까. 자, 다음 질문입니다. "외계 생명체가 만약 발견이 된다면 그 후에는 어떤 일들이 벌어지게 될까요?"

현─ 실제로 세티 과학자들이 있고요, 세티 회의를 하면 천문학자들이 한 절반 정도고, 나머지는 굉장히 다양한 분야의 학자들인데, 특히 인류학자들도 많이 있습니다. 그리고 사회학자들도 있고요. 실제로 외계인의 발견이 가져다주는 사회적인 영향과 충격에 관한 연구를 하는 학회 같은 것도 있어요. 이런 것에 관한 책들도 나와 있고요. 그런 학자들은 외계인이 발견됐을 때, 우리가 어떻게 반응해야 되며, 어떤 영향을 받게 될 것이다 하는 이런 문제들에 대해서 나름대로 연구를 해서 정리를 하는데, 굉장히 심각하게 생각하시는 분들이 많죠.

그런데 저는 개인적으로는 이렇게 생각해요. 우리가 지난 몇십 년 동안 외계인에 대해서 너무나 많은 상상을 해왔어요. 그래서 외계인의 형태까지도 별의별 상상을 다해서 이미지를 구축해놨기 때문에, 오히려 여기 진짜 외계인이 나타났다 해도 안 믿을 것 같아요. 우리가 너무나 상상을 많이 해서 모든 시뮬레이션을 거쳤기 때문에, 우리는 이미 너무 거기에 너무나 익숙해져 있는 거예요. 그래서 진짜로 나타났다고 해도 오히려 충격을 받거나 그럴 일이 별로 없을 거라는 생각이 더 많이 들어요.

원─ 다음 질문입니다. "박사님은 미국의 '51구역'에 대해서 떠도는 루머들에 대해서 어떤 생각을 가지고 계신가요?"
현─ 그러니까 저는 이렇게 생각을 해요. UFO도 그렇고, 외계인을 잡아서 숨겨놓는다고 하는 그런 것들이 굉장히 흥미롭기는 하지만, 사실 그런 상상력은 좀 시시한 것 같아요. 그런 상상력이라고 하는 것이 실제로 과학에서 발견되고 있는 경이로운 현상들에 비해서, 그렇게 얘기하고 있는 구성이 너무 낭만적이고 너무 시시한 것 같아요. 조금 설득력이 없지 않나 생각합니다.

원- 지금 51구역 얘기도 나왔지만, 아담스키 형 UFO는 1950년대에 출현을 했었죠. 저는 UFO 사진을 아마 수천 점도 넘게 봤을 거예요. 책도 굉장히 많이 봤고요. 헌데 재미있는 건 나타났던 UFO들은 그 시대의 디자인 감각을 반영하고 있어요. 1950년대 것을 보면 좀 촌스럽잖아요. 둥글둥글하고 각진 모습이 뭔가 그 당시의 어떤 복장이나 모자 같은 모양을 표현하는 것 같다가, 1970, 1980년대에 오면 좀 더 세련된 모습으로 변하죠. 요즘의 유튜브 같은 곳에 뜨는 것들은 최근 SF 영화에 나올 것 같은 디자

51구역 51구역Area 51은 미국 네바다 주 라스베이거스에서 북서쪽 사막에 있는 미 공군의 비밀 기지이다. 공식 명칭은 네바다 그룸레이크groom lake 시험장으로, U-2기와 SR-71 같은 정찰기, 스텔스 폭격기 등의 신무기를 개발하고 시험하는 곳으로 알려졌다. 1947년 6월 농부가 비행체의 잔해를 발견한 로즈웰 사건을 통해 비행접시 추락과 외계인 사체 발견이라는 가설이 제기되었다. 가설에 따르면 이곳에 UFO와 외계인 시신이 있으며, 외계인에 관한 연구가 진행되었다고 한다. 2013년에는 기밀문서가 해제되어 미국 정부가 이곳의 실체를 인정했으며, 2011년에는 51구역의 비밀을 다룬 동명의 영화가 개봉되기도 했다.

• 미국의 '51구역'에 대해 많은 루머들이 떠돈다 •

인들을 하고 있거든요. UFO가 시대의 디자인 감각을 반영한다
는 것은 있을 수 없는 일이잖아요. 외계인들이 그 멀리서부터 왔
는데 왜 도달할 시점의 그 행성 트렌드를 따라가겠습니까? 오히
려 UFO에서 그렇게 디자인 경향이 느껴진다면 가짜일 가능성이
크다는 말이겠죠. 51구역은 아마도 UFO보다는 미국의 신기술,
신무기, 이런 것들을 실험하는 곳으로 쓰이고 있는 것이 아닌가
하고 생각을 하죠.

끝나지 않는
이야기

원― 다음 질문입니다. "천문학에서도 차원을 염두에 두나요?"

현― 그렇죠. 차원이라는 게, 지금 우리가 살고 있는 곳은 시공간의 4차원이잖아요. 공간적으로 아래, 위, 옆의 것하고, 그리고 시간이 흐르니까 그것을 합쳐서 시공 4차원이라고 하죠. 그런데 이것보다 더 많은 차원이 숨어 있다는 얘기들을 많이 들어보셨을 거예요. 그게 <u>끈이론</u>이라는 것에서 나온 건데, 지금의 시공 4차원으로 설명하지 못하는 것을 다른 모델과 가정을 가지고 설명하면 자연스럽게 되는 게 있어요.

끈이론 끈이론string theory은 만물의 최소 단위가 점 입자가 아니라 '진동하는 끈'이라는 물리이론이다. 입자의 성질과 자연의 기본적인 힘이 끈의 모양과 진동에 따라 결정된다고 설명한다. 초끈이론이라 부르기도 한다.

그래서 그렇게 시공 10차원, 11차원을 도입하고 있기도 하죠. 헌데 나머지 그러면 7차원, 6차원 어디 갔냐 하면, 그건 굉장히 작게 돌돌 말려서 어딘가 구석에 집어넣으면, 우리가 설명하지 못하는 어떤 작은 세상에서의 어떤 문제들을 해결하기 좋다고 해서 차원들을 생각하고 있거든요. 아직까지는 그런 식의 나머지 차원들에 대한 것들은 굉장히 수학적인 기반에서 나오는 거고, 물리적인 관측이 가능하게 도드라진 것들은 아직은 없는 것 같아요.

원― 저는 이 질문이 무척 흥미로운데요. "우주가 팽창하는데 좌표는 그대로인가요?"

현― 그 좌표라고 하는 개념이라는 게요, 뉴턴 역학의 만유인력 법칙을 논하던 시절에는 우주에 절대좌표가 있다고 생각했어요. 우주에는 어떤 원점이 있어요. 우리는 항상 우주의 원점으로부터 1, 3, 5지역에 있다고 하는 것을 절대적으로 가정할 수 있다고 했는데….

원― x, y, z축으로 해서 3차원으로 말이죠?

현― x, y, z축으로 하고, 그 0점이 어디인지는 몰라도 우주에 존재한다고 생각했던 거였는데, 상대성이론이 나오면서는 어떤 기준점이 중요한 것이지 0점이 중요한 건 아니게 되었어요. 예를 들자면 팽창을 하는데, 이 팽창은 서로가 팽창을 하는 거예요. 우리가 지금 이렇게 앉아 있지만, 우주 공간이 팽창한다는 얘기는 나는 가만히 있는데 이 바닥이 점점 커지는 거예요. 그러면 우리는 가만히 있지만 서로가 멀어지잖아요. 그래서 서로가 멀어진다는 개념이 중요해져요. 그러면 나를 기준으로 보면 내가 정지해 있고, 모든 게 멀어지는 것처럼 보이지만, 또 다른 사람을 중심으로 보면 그 사람은 가만히 있다고 생각하고 나머지가 멀어진다고 하잖아요. 그렇게 되면 중심이 어디냐, 기준점이 어디냐 하는 문제가 생기지만 그건 관측하는 모든 사람들이 자기를 기준으로 삼는 것이죠. 그러니까 절대적인 기준점이 없다는 식의 패러다임으로 팽창 우주, 빅뱅 우주론이 나오면서 바뀌어버렸죠.

원— 그러니까 좌표라는 것이 절대적인 의미는 없어진 것이죠.

원— 다음에 좀 재미있는 질문들이 남았어요. 이전 것과 비슷한 질문이긴 한데요. "신과 외계인을 왜 만나야 하는가?"

현— 동상이몽이죠. 과학자들은 그냥 궁금한 것이고요. 드레이크 박사, 질 타터Jill Tarter, 외계생명체 모양 만드는 세스 쇼스탁Seth Shostak과 같은 여러 세티 과학자들이 있는데, 이런 과학자들과 같이 만나서 밥을 먹으면서 얘기를 하면, 거의 공통적으로 외계인을 만나면 뭐를 물어보고 싶으냐 하는 문제를 궁금해해요. 저도 마찬가지고요. 여러 가지가 있겠지만, 첫 번째를 꼽으라 하면 '그 오랜 세월을 도대체 어떻게 생존했느냐' 하는 문제예요. 외계인과 만났다는 건 그만큼 오랜 기간을 살아남았다는 것이고, 문명으로 위기를 극복했다는 얘기거든요. 물론 취향에 따라서는 어떤 분들은 음악을 물어볼 수도 있고, 사랑을 물어볼 수도 있고, 그러겠죠.

원— 비슷한 질문이 조금 더 과격하게 들어가 있는데요. "왜 외계인을 찾아야 하나? 외계인 찾는다는 이유로 국가 지원금 가로챈 거 아닌가?"

현— 말하자면 그런 거죠.

원— 사실은 그런 거죠. 어떻게 보느냐에 따라 다른 것 아닐까요?

현— 어떤 일을 할 때 명확하게 뭐를 생각을 하고 하는 건 별로 없잖아요. 그냥 하는 거잖아요. 하고 나서 정당화시키는 게 더 많잖아요. 그게 진화심리학적으로 우리들의 뇌가 그런 식으로 진화를 해온 건데요. 예를 들면, 옛날 수렵채집 시절에 정글에서, 가다가 앞에 모르는 누구를 만났어요. 그러면 일단 도망가는 거죠. 무조건 모르는 사람은 적대적으로 생각하기 때문에 그런 거죠. 괜히 가서 악수하다가 잡아먹히면 안 되니까 그게 생존하는 확률을 높일 수 있었다는 이야기죠. 그런 두려움들에서 무언가를 이룩하는 거죠. 과학자들은 종교도 그런 식으로 발전한 것이라고 생각을 해요. 일단 도망가는 것에서, 그것을 추상화하고, 그게 신격화되면서 어떤 추상적인 개념이 생겼다고 보는 거죠.

원— 나머지 질문들을 함께 엮어도 될 것 같습니다. 대답을 같이 하면 될 것 같아요. "빌리 마이어, 아담스키, 달의 월면月面, UFO는 다 가짜인가? 그리고 나사 직원의 양심선언도 가짜인가? 세계 각국 정부들이 외계 생명체에 대해 진실을 숨기고 있는가?"

현— 그러니까 우리가 거짓말의 정의부터 생각해야 할 것 같아요. 진화심리학자들은 인간은 하루에도 약 200번 이상 거짓말을 한다고 해요. 예를 들어서 몸이 아프다는 신호를 보내고 있는데도 아프지 않다고 생각하는 것도 거짓말이고요. 자기가 의식해서 의도적으로 만들어내는 거짓말들도 있겠지만, 그렇지 않고 자기 자신은 의식하지 못하면서도 갈등을 겪으면서 하는 거짓말도 있고요. 또는 전혀 갈등이 없으면서도 하는 것도 있어요. 그러니까 거짓말탐지기라든가 이런 걸로 전혀 구분할 수 없는 그런 거짓말들도 많이 있거든요. 그러니까 우리가 얘기하는 것들이 있으면 그게 다 논리적으로 내가 생각해서 한다기보다는, 우리가 진화를 해왔기 때문에 일단 말을 해놓거나, 결정을 내린 다음에 이를 합리화하는 경향이 있어요. 일단 어떤 사람을 만났는데

빌리 마이어 빌리 마이어(Billy Meier)는 자신이 외계인 접촉자라고 주장하는 스위스 국적의 사람이다. 수백 종류의 UFO 사진을 공개했다. 조작 의혹이 있었지만 명확하게 밝혀지지는 않았다.

달의 월면, 나사 직원의 양심선언 아폴로 11호의 닐 암스트롱을 비롯한 지구인의 달 착륙은 조작이며, 달에는 실제로 우주인들과 우주 기지가 있었다는 음모론이 있다. 이와 관련하여 나사 직원이 양심선언을 했는데, 양심선언을 한 다음 3일 만에 의문의 교통사고를 당해 죽었다는 음모론도 존재한다.

감정에 싫은 거예요. 싫은 느낌이 온 다음에 그 이유를 마구 만드는 거예요. 그런데 일단 싫다고 하는 게 생존에 도움이 됐기 때문에 그런 식의 반응을 보이도록 진화를 해온 거거든요.

그런 것들을 통해서 보고 또 현대적인 뇌 과학의 메커니즘으로 본다면, 어떤 기억이라는 것도 머릿속에 고스란히 기억되어 있던 것들을 찾아내오는 게 아니라, 기억이 어떤 네트워크인데, 기억할 때마다 새롭게 만들어내는 거래요. 그러면 기억이라는 게 계속 달라지잖아요. 그래서 생각을 하면 거짓말과 우리가 진실이라고 믿는 경계도 굉장히 애매해지죠. 어떤 사람이 정말 진실되게 얘기를 하는 거예요. 내가 뭘 봤다고 하면서 진실로 이야기하는 거죠. 그 사람은 자기 자신은 정말 자기가 알고 있는 걸 그대로 얘기하는 거지만, 그 기억의 구성 요소가 사실이 아닐 가능성도 굉장히 큰 거죠. 그런 관점으로 볼 수 있지 않을까 싶어요.

원— 우리가 진실과 거짓을 굉장히 엄격하게 구분해서 말하는 버릇이 있는데, 사실 돌이켜보면 우리 자신도 그 중간에 모호한 것을 갖고 있을 때가 많지요. 사람 심리란 게 원래 그런 속성이 있다는, 그런 것들이 반영되는 부분들이 있을 것이다 하는 것이죠. 물론 사실일 수도 있겠죠. 100퍼센트 아니라고 말할 수는 없습니다.

그런데 제가 어릴 때 경험한 게 있다면 고등학교 때 제가 음악밴드를 했어요. 그래서 기타리스트가 돼서 그 동네에서는 조금 유명했어요. 그랬는데 헛소문이 도는 게, 제 입에서 나온 얘기가 아닌데 하다 보니까 제 친구들이 저한테 어깨를 딱 치면서 "너 시나위에 가입하기로 했다며?" 하는 거예요. 그룹 시나위 아시죠? 그런 소문이 돌았어요. 저는 한 번도 그런 말을, 그 비슷한 말도 꺼낸 적이 없는데요. 그래서 오락실에서 오락하다가 와서 "야, 시나위, 잘됐다" 해서 아니라고 했더니 왜 숨기느냐고 화를 내더라고요. 무슨 설명을 할 수가 없어요. 누구 입에서 나왔는지도 모르고, 분명히 거짓인데 친구들에게는 이미 사실이 되어 있었죠.

이런 일들은 우리 주변에서 자주 일어나는 것이라서, 아마도 이런 이야기들도 어떤 복잡 미묘한 부분이 합쳐져서 일어나지 않겠느냐 하는 거겠죠. 그 사람들은 그것이 마치 객관적인 것처럼 믿고 있겠죠. 그래서 그걸 책으로 쓰고, 인터넷으로 정리해놓으면, 그걸 봤을 때는 불합리성이 제거되어 있는 느낌으로 접하게 된다는 거죠. 이런 부분들은 분명히 우리가 오류를 범할 수 있는 가능성이 있거든요. 이런 건 조심해야 된다는 이런 말씀이신 것 같고, 저도 거기에는 동의를 합니다.

하여튼 오늘 재미있는 얘기들 많이 나눴고 새로 배운 것도 많고, 여러분한테도 도움이 되었기를 바랍니다. 이명현 박사님 한마디 하시겠습니까?

현— 만나서 반갑고요, 여러분들도 지적 생명체에 관해서 오늘 시작을 했다고 저는 믿습니다. 그래서 앞으로도 계속 관심을 갖고 봐주시고요. 오늘 긴 시간 동안 얘기 들어주셔서 감사합니다.